国家林业和草原局普通高等教育"十四五"规划教材

草坪机械学

孙步功 主编

中国林业出版社
China Forestry Publishing House

国家林业和草原局草原管理司 支持出版

内 容 简 介

本教材内容以草坪建植、养护、生产为主线，论述草坪耕整地、播种、施肥、养护及生产的作业机械。全书共九章，包括绪论、草坪动力机械、草坪地耕整机械、草坪种植机械、草坪施肥机械、草坪养护机械、草坪植保机械、草坪移植机械、智慧草坪机械。本教材对各类草坪机械的结构和工作原理、各主要工作部件的结构和功能等进行系统的介绍。同时，对草坪作业各工序的技术要求和工艺也做了相应介绍。教材每章后均附有习题，以便学生自学与课堂讨论。

本教材供高等农林院校涉及草业科学及相关专业的本科教学使用，也可作为研究生、高等职业教育的参考用书和从事草坪管理人员的自学及参考用书。

图书在版编目（CIP）数据

草坪机械学 / 孙步功主编. — 北京：中国林业出版社，2023.12
国家林业和草原局普通高等教育"十四五"规划教材
ISBN 978-7-5219-2534-0

Ⅰ.①草… Ⅱ.①孙… Ⅲ.①草坪-园林机械-高等学校-教材 Ⅳ.①TU986.3

中国国家版本馆 CIP 数据核字（2024）第 007438 号

策划编辑：李树梅　高红岩
责任编辑：李树梅
责任校对：苏　梅
封面设计：睿思视界视觉设计

出版发行　中国林业出版社
　　　　　（100009，北京市西城区刘海胡同7号，电话 83223120）
电子邮箱　cfphzbs@163.com
网　　址　www.forestry.gov.cn/lycb.html
印　　刷　北京中科印刷有限公司
版　　次　2023年12月第1版
印　　次　2023年12月第1次印刷
开　　本　787mm×1092mm　1/16
印　　张　11.25
字　　数　268 千字
定　　价　42.00 元

《草坪机械学》编写人员

主　　编　孙步功
副 主 编　马军民　史增录
编　　者　(按姓氏拼音排序)
　　　　　黄会男(河南农业大学)
　　　　　李　辉(甘肃农业大学)
　　　　　马军民(甘肃农业大学)
　　　　　史增录(新疆农业大学)
　　　　　孙步功(甘肃农业大学)
　　　　　王振禄(兰州城市学院)
　　　　　温宝琴(石河子大学)
　　　　　张祥彩(山东理工大学)
主　　审　戴　飞(甘肃农业大学)

前 言

草坪机械是构成草坪生产系统的一个重要组成部分，实现草坪作业机械化是扩大草坪绿化面积、取得综合效益的重要手段。随着我国城镇绿化的发展，草坪面积不断增大，实现草坪建植与养护管理的机械化作业已成为一种趋势，草坪机械也已发展成为一个集制造、经销、维护和保养于一体的行业。为了满足专业教学、草坪建植和养护的需要，我们编写了国家林业和草原局普通高等教育"十四五"规划教材《草坪机械学》。

党的二十大报告指出："大自然是人类赖以生存发展的基本条件。尊重自然、顺应自然、保护自然，是全面建设社会主义现代化国家的内在要求。必须牢固树立和践行绿水青山就是金山银山的理念，站在人与自然和谐共生的高度谋划发展。"草坪机械是草坪生产的重要装备支撑，本书全面贯彻新发展理念，对用于草坪建植、养护和生产所涉及的设备（如草坪动力机械、草坪地耕整机械、草坪种植机械、草坪施肥机械、草坪养护机械、草坪植保机械、草坪移植机械、智慧草坪机械）在结构、工作原理、用途和使用等方面进行了较全面、详细地论述，是一本系统介绍草坪机械的教科书。

本书由甘肃农业大学孙步功任主编，甘肃农业大学马军民、新疆农业大学史增录任副主编。编写分工如下：甘肃农业大学孙步功编写前言、第一章、第二章的第一、二、三节，甘肃农业大学马军民编写第三章至第五章，新疆农业大学史增录编写第六章和第七章，石河子大学温宝琴编写第八章，兰州城市学院王振禄编写第九章，甘肃农业大学李辉编写第二章的第四节，河南农业大学黄会男编写第二章的第五节，山东理工大学张祥彩编写第二章的第六节。

本书在编写过程中，由于涉及的领域较广，在大量调查研究的基础上，参考了近年来许多专家、学者的有关论著和涉及草坪机械经销公司经营的产品，汲取了他们很多重要的论述和内容，在此表示衷心的感谢。

本书由甘肃农业大学戴飞教授主审，戴飞教授对书稿的内容体系提出了许多宝贵的意见，在此表示衷心的感谢。

由于编者水平有限，不足之处在所难免，敬请广大读者批评指正。

编　者
2023 年 06 月

目 录

前 言

第一章 绪 论 1
第一节 草坪机械概述 1
第二节 草坪机械学课程的性质、内容及学习任务 4
本章小结 5

第二章 草坪动力机械 6
第一节 电动机简介 6
第二节 内燃机简介 11
第三节 柴油机简介 14
第四节 汽油机简介 16
第五节 内燃机的使用 17
第六节 拖拉机简介 26
本章小结 31

第三章 草坪地耕整机械 32
第一节 概 述 32
第二节 铧式犁 33
第三节 圆盘犁 46
第四节 圆盘耙 48
第五节 旋耕机 51
第六节 松土机械和平地机械 53
本章小结 60

第四章 草坪种植机械 61
第一节 概 述 61
第二节 播种机类型及一般构造 63
第三节 播种机的使用 76
本章小结 79

第五章　草坪施肥机械 ·· 80
　第一节　传送带式施肥机 ··· 80
　第二节　转盘式施肥机 ·· 82
　第三节　摆动喷管式施肥机 ·· 85
　第四节　双辊供料式施肥机 ·· 86
　本章小结 ··· 87

第六章　草坪养护机械 ·· 89
　第一节　概　述 ·· 89
　第二节　草坪修剪机械 ·· 90
　第三节　草坪通气机械 ··· 108
　第四节　其他草坪养护设备 ·· 113
　本章小结 ··· 119

第七章　草坪植保机械 ··· 120
　第一节　概　述 ·· 120
　第二节　草坪喷药机械 ··· 122
　第三节　草坪喷雾机械 ··· 124
　第四节　弥雾喷粉机械 ··· 142
　第五节　其他喷雾机械 ··· 149
　本章小结 ··· 153

第八章　草坪移植机械 ··· 154
　第一节　概　述 ·· 154
　第二节　起草皮机械 ·· 156
　第三节　草皮移植机械 ··· 158
　第四节　草坪植生带生产设备 ··· 160
　本章小结 ··· 162

第九章　智慧草坪机械 ··· 163
　第一节　智慧草坪建植机械简介 ·· 163
　第二节　智慧草坪养护机械简介 ·· 165
　本章小结 ··· 169

参考文献 ··· 170

第一章 绪 论

第一节 草坪机械概述

草坪以禾本科多年生草类为主，人工建植的具有一定使用和生态功能，能够耐受适度修剪与践踏的低矮、均匀、致密的草本植物及与表土层共同构成的有机整体。草坪作为城市绿化和美化中的一个主体受到人们的高度关注，人们在物质生活得到改善和精神生活水平显著提高的同时，对草坪外观质量指标的评价要求也越来越高，要保证草坪达到高质量、高标准的要求，就需要实现草坪建植、养护和生产过程的机械化作业。

一、草坪机械的相关概念

1. 草坪的相关概念

草坪草：构成草坪的植物。主要包括植株低矮的禾本科草类，也有一些非禾本科草类。在近年来的草坪发展中，可用作草坪的植物有上百种。需要明确的是，它们大多是具有扩展性生长特点的根茎型或匍匐茎型植物，主要集中在禾本科的羊茅亚科、画眉草亚科、黍亚科；除此之外还包括一部分非禾本科植物，如莎草科薹草属的一些多年生草本植物，豆科的白三叶、百脉根和多变小冠花、旋花科的马蹄金等。

草皮：采用人工或机械将成熟草坪与其生长的介质（土壤等基质）剥离后，形成的具有一定形状的草坪建植材料。

草坪业：以草坪种子（草皮）生产、绿地建植、养护、生产、管理以及草坪产品的生产、经营、服务为核心的产业。是草业的一个分支。

2. 机械化的概念

第七版《辞海》指出，机械化是指在生产过程中直接运用电力或其他动力来驱动或操纵机械设备以代替手工劳动进行生产的技术措施。简单地说，就是在生产过程中使用动力机械去代替手工作业。机械化是提高劳动生产率、减轻体力劳动的重要途径。

生产过程是由一系列的生产工序组成的，工序是生产的基本环节，通常讲的机械化是针对一个工序来说的，如草坪地机械化耕整、机械化播种、机械化养护等。

3. 草坪机械的概念

草坪机械是用于草坪建植、养护与生产所需一系列机械设备的总称。草坪机械按照完成草坪作业内容可分为草坪建植机械、草坪养护管理机械和草坪生产机械。草坪建植机械主要有下列几种：铧式犁、圆盘整地机、旋耕机、播种机、喷播机等机械设备；草坪养护管理机械主要有下列几种：剪草机、打孔机、施肥机、滚压机、梳草机、梳根机、切边机、清洁机、覆沙机、喷药机、喷灌设备等机械设备。草坪生产机械主要有起草皮机和草皮移植机。

目前，我国国产草坪建植与养护机械产量较大且技术较成熟的机械有园林拖拉机（配套工作装置有铧式犁、圆盘整地机、旋耕机、播种机）及草皮移植机、草坪修剪机和草坪打孔机等。对于剩下的其他草坪建植、养护机械来说技术相对薄弱，问题主要体现在体量大、各种性能和自动化程度低、噪声大、耗油量多、排放超标、环境污染严重等方面。

二、草坪作业的特点及对机械设备的要求

种植、养护草坪与种植农作物及其他植物既有相似之处又有很大不同。其相似之处都是植物，种植和生长过程基本相似，其差别是功用不同。种植农作物的目的是为了收获食物；绝大多数是一年一收，而其他植物有不同的功用，如种植树木除了为人类生活提供所需木材以外，还有改善生态环境的功能；牧场的草本植物主要功能是满足放牧；草坪的主要功能是给人类生活提供一个优美、舒适的环境。因此，在草坪种植和养护方面对草坪机械有以下要求：

1. 草坪机械一机多用

为了满足保持草坪的观赏、美化环境的功能，要求对草坪在生长期间进行经常性的养护，如修剪、浇水、施肥、整理、梳根、通气、表面平整、滚压、梳理、修边及其他养护作业。要完成这些养护作业，需要有专用设备来执行，这就要求机械设备品种多样。而从草坪养护者的视角出发，则希望机械设备的品种、数量越少，作业功能越多越好。因此，要求草坪机械一机多用。

2. 草坪机械适应性强

草坪种植的地点涉及面广，不但在公园、运动场、街道广场、居民小区、宾馆四周、机关、学校、科研院所院内种植草坪，而且在公路和铁路两侧、商业区四周、河道两侧河堤等地带也种植草坪。这些地点的环境、自然条件不同，地形复杂、面积相差悬殊。因此，一方面，要求草坪机械能适应各种狭窄空间和坡度进行作业；另一方面，草坪大多种植在露天，草坪机械是室外作业设备，要求其具有一定的耐腐蚀性、适应各种气候的性能。

3. 草坪机械作业效率高

草坪的生长季节从春季至秋季，一般情况下，春季是草坪建植的季节，而夏季和秋季是草坪养护的繁忙季节。草坪养护的各种作业因季节而变化，不同草坪养护机械的繁忙程度不同，造成其工作量极不平衡。因此，要求草坪养护机械有高的作业效率和一机多用，或同一个底盘可挂接多种草坪养护机械，以尽最大可能降低草坪的养护成本。

4. 草坪机械环保性能好、安全可靠

在对城市草坪进行养护作业时，各种草坪养护作业机械的噪声和用作草坪养护作业机械的发动机废气排放要符合《声环境质量标准》（GB 3096—2008）和《非道路柴油移动机械污染物排放控制要求》（HJ 1014—2020），并且各种噪声指标和废气排放指标尽可能低。一方面，作业场所不应有扬尘，应保持清洁，随时清除作业后的废弃物，降低污染；另一方面，作业场地是在人群较密集和活动较频繁的地点，要保证操作人员和周围行人及休闲人群的安全性。因此，对草坪机械的噪声、废气排放、作业安全性能、平稳性能有特殊的要求，也要求操作人员在作业时应严格遵守安全操作规程和安全标准，必要时还应采取一定的安全措施，防止发生人身伤害事故，操作人员在露天作业时应备有防晒、防雨、防滑、

防暑、防寒等安全装备。

三、草坪机械的发展历史、现状及趋势

最初人们修剪、养护草坪是用一些简单的工具"剪割",直到 1830 年英国依德威·布丁发明了世界上第一台以内燃机为动力的牧草收割机,并于 1832 年用于草地的修剪。20 世纪 50 年代,各种用于草坪作业的机械设备大量面世,作为园林机械一部分的草坪机械开始进入快速的发展时期。20 世纪 70 年代,在欧美一些发达国家,随着生活水平的提高,小型草坪养护机械已成为家庭草坪养护的必备机具。到 20 世纪末,世界各地大部分城市从公共绿地到庭院绿地的建设和养护已基本实现机械化作业。

我国草坪机械设备的发展起始于 20 世纪 70 年代后期,由于起步迟,研发技术相对滞后,减排、生产工艺及设计能力较落后,无法同时满足国内外草坪机械产品排放和作业安全标准,造成机械档次及附加值低。经过四十多年的技术引进和不断创新,有些机械制造企业不仅具有自主研发和科技创新实力,而且掌握一定的核心技术,使国产草坪机械达到国际规定的环保和安全生产标准,提升国产草坪机械档次。同时在国内外机械销售市场占有率逐年增加。

草坪机械是我国园林机械制造做强做大的一部分,在国内草坪规模使用受限情况下,制约了草坪机械的需求量,未来出口占领国际市场是国产机械发展方向。为了在草坪建植与养护管理中起到举足轻重的作用,国产草坪机械今后必须在安全性能、轻量便捷、智能环保、高效节能、操作简单、自动化和多功能一体化等方面做足功夫,最终在草坪机械领域起到引领作用。

1. 操作自动智能化、舒适化

进入 21 世纪,发达国家家庭庭院草坪绿地面积随之增加,步行自走式草坪修剪机已不能满足人们的需求,开始逐步被家用小型操纵坐骑式草坪修剪机取代。小型操纵坐骑式草坪修剪机的优点在于机动性能好,且转弯半径基本为零,是一种一机多用的全液压小型草坪机械,这种操作自动智能化、坐骑舒适化的小型草坪机械一经问世,就受到广大用户的关注和青睐。现阶段我国在草坪建植与养护上仍使用步行自走式草坪修剪机,因此,我们应借鉴发达国家的经验与教训,研发出适用于我国的自动智能化程度高、操作简便且舒适等一机多用的草坪机械,来缩小我国与发达国家之间的制造差距;同时降低能源和生产材料的消耗及用工成本,进一步提高工作效率,所以,操作自动智能化和舒适化是我国草坪机械今后发展趋势与方向。

2. 一机多用机械和联合作业机械

一种机械可以配备多种作业装置或附件,只要更换不同作业装置就能完成不同作业内容,从而提高机械的利用率,这种机械叫作一机多用机械。例如,拖拉机配套的铧式犁、圆盘整地机、旋耕机、播种机等,就能够实现犁地、整地、播种等作业。割灌机配套的工作装置,安装上尼龙绳就可以打草,安装上锯片就可以锯 8 cm 以下的灌木。一种机械上可同时安装多种工作装置,能完成多项需要按顺序连续进行的作业内容,从而提高机械的作业效率和劳动生产率,这种机械叫作联合作业机械。例如,园林草坪打孔施肥机可以边打孔边施肥,同时进行作业。这样一机多用机械和联合作业机械将成为草坪机械今后的发展方向。

3. 增强环保性能

以前我国的割灌机、绿篱机等普遍采用二冲程汽油机，它虽然具有结构简单、质量轻、体积小、便于携带等优点，但也存在噪声大、油耗大、排放污染严重等缺点。近年来，世界各国对环境的保护意识日益增强，环境保护相关的法律和法规已逐步完善，尤其是对草坪机械设备在城镇露天作业时所产生的排放物指标也越来越严格。目前，在我国步行操纵的割草机已逐步被新一代低污染、低噪声四冲程小型汽油机所取代；手持式二冲程（汽油）割灌机也有被小型电动机代替的趋势。因此，研发并生产低污染，甚至无污染的"绿色、环保、低耗能"草坪机械将成为今后主要发展趋势，环保性能将会成为评价其质量的重要指标。

4. 提高使用安全性能

在草坪机械作业时，经常会发生安全事故。在机械自身的安全性方面，主要是防止草坪机械在作业过程中发生意外故障对操作人员造成伤害；在操作人员的安全性方面，主要是防止操作人员在作业过程中受到外界影响而造成伤害；在周围人群的安全性方面，防止草坪机械在作业时对他人造成伤害。要想解决这些问题，除对操作人员进行针对性的培训外，还应该提高草坪机械的各项安全性能。今后这些草坪机械安全装置应向更加多样化、更加完善、更加有效等方面发展。

5. 小型化与快捷化

根据草坪建植与养护的特点与草坪机械结构、外观和满足操作人机工程学等方面的要求，草坪机械会偏向于结构简单、性能安全、轻便快捷、造型美观等特点的小型化方向发展。这样便于人们在作业中的搬运和防止在搬运过程中的碰撞引发草坪机械损坏，还能降低运输成本，同时可完成修剪、打孔、施肥、喷灌等多种作业的小型草坪机械将成为家庭草坪建植与养护的首选。随着国内外家庭庭院草坪的增多，草坪机械偏向于小型化与快捷化将成为今后发展的主要趋势。

6. 燃料多元化、清洁化

目前，草坪机械是以内燃机为动力的机械。石油作为现阶段草坪机械燃料，属于不可再生资源，既导致能源的消耗，又会造成大气污染。所以，以太阳能、电能、燃料电池作为动力来源并转化为机械能的多元化、清洁化新能源草坪机械将成为今后的发展趋势。

第二节　草坪机械学课程的性质、内容及学习任务

一、课程的性质

草坪机械学是高等农林院校草业科学专业的一门专业课，在草坪科学中居重要地位。本课程涉及液压技术、计算机技术、节水灌溉、精细农业技术、生物技术、信息技术、新材料等多门学科，具有很强的综合性和实用性。

二、课程的内容

草坪机械学以坪床建植、草坪种植、养护管理、收获移植的农作顺序为主线，涵盖了草坪从种植、管理到收获移植的整个过程。主要内容包括绪论、动力机械、草坪耕整地机

械、草坪种植机械与设备、草坪施肥机械、草坪养护机械、草坪植保机械、草坪移植机械和智慧草坪机械等。课程对草坪作业所用机械设备的结构和工作原理、各主要工作部件的结构和功能等进行了阐述。

三、课程的学习任务

草坪机械学的任务是通过对草坪作业过程不同工序所需机械设备的结构和工作原理进行阐述,揭示草坪机械化生产与草坪生态的内在联系和规律,进行作业机械的合理选用。通过该课程的学习,学生应掌握草坪机械的结构及工作原理,具备使用草坪建植与养护机械的能力。

本章小结

本章主要介绍了草坪机械的基本概念和内涵,分析了草坪建植与养护方面对草坪机械的要求,阐述了草坪机械的发展趋势,并对课程的性质、内容及学习任务做了描述。

思考题

1. 什么是草坪机械?典型的草坪机械有哪些?
2. 本课程的学习任务是什么?

第二章 草坪动力机械

在草坪作业过程中，各种作业机械都要在动力机械的驱动下进行工作。草坪动力机械是指用于驱动、牵引或悬挂对草坪进行养护作业的动力机。用于草坪作业的动力机械涉及的范围很广，从小型发动机、电动机到大型的专用拖拉机等。在草坪作业过程中常用的动力机械有电动机、内燃机和拖拉机等。

按草坪作业机械配备的动力可以按如下方式分类：

$$
\text{草坪动力机械}\begin{cases}\text{电动机}\begin{cases}\text{交流电动机}\\\text{直流电动机}\end{cases}\\\text{内燃机}\begin{cases}\text{柴油发动机}\\\text{汽油发动机}\\\text{燃气发动机}\end{cases}\\\text{拖拉机}\begin{cases}\text{工程拖拉机}\\\text{林业拖拉机}\\\text{农用拖拉机}\end{cases}\end{cases}
$$

第一节 电动机简介

电动机是将电能转换为机械能，带动各种作业机械工作的动力机械。在草坪作业中，电动机的应用很广泛。

电动机具有体积小、效率高、质量轻、结构简单、使用方便等优点。

一、电动机的分类

电动机的类型很多，按供电电源性质可分为直流电动机和交流电动机，交流电动机又分为异步电动机（又称感应电动机）和同步电动机；按电源的相数可分为三相电动机和单相电动机。如图 2-1 所示，三相异步电动机具有结构简单、运行可靠、维护方便、效率高、质量轻和价格低廉等优点，是应用最广泛的一种电动机。

图 2-1　三相异步电动机

二、三相异步电动机的构造与工作原理

1. 三相异步电动机的构造

三相异步电动机由定子和转子两个基本部分及端盖、轴承、接线盒、风扇、风罩等其他附件组成，如图2-2所示。

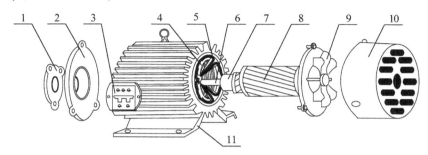

图 2-2 三相异步电动机结构示意图
1. 轴承盖 2. 端盖 3. 接线盒 4. 定子铁芯 5. 定子绕组 6. 转轴 7. 轴承
8. 转子 9. 风扇叶轮 10. 风罩 11. 机座

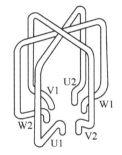

图 2-3 简化的三相单匝绕组示意图

（1）定子

定子是电动机的固定部分，其作用是在通入三相交流电后能在其中产生旋转磁场。定子由定子铁芯、定子绕组、机座等组成。定子铁芯是电动机磁路的一部分，主要作导磁用。定子铁芯用厚度为0.35 mm或0.5 mm，在表面涂有绝缘漆的硅钢冲片叠成，压装在铸铁制的机座内。为了减少铁芯的损耗，防止铁芯过热，冲片采用硅钢片并进行片间绝缘处理。定子铁芯的内圆表面有嵌放定子绕组（也称定子线圈）的线槽。定子绕组由漆包线制成，分成三相，对称地嵌放在定子铁芯的线槽内，并按一定的规则排列，简化的三相单匝绕组如图2-3所示。每相定子绕组引出两个端头，分别称为始端和末端，三相绕组的六个端头通过引出线引到机体外部的接线盒内。

机座一般由铸铁制成，用来固定和保护定子铁芯及定子绕组，并以两个端盖支承转子。为了增加散热面积，机座表面铸有散热片。

（2）转子

转子是电动机的旋转部分，其作用是在旋转磁场作用下产生转矩，并带动作业机械的转轴一起转动。鼠笼式转子由转子铁芯、笼形绕组（即鼠笼）和转轴等部分组成，如图2-4所示。

转子铁芯由圆形硅钢片叠压而成，在它的外圆上有嵌放转子绕组的线槽。转子铁芯压装在转轴上。鼠笼式转子绕组是用浇铸铝液的办法一次铸成。在转子铁芯两端槽口处形成两个导电的端环，分别把槽内的导体连接成一个整体。如果去掉铁

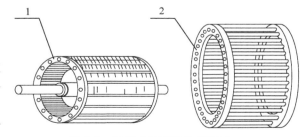

图 2-4 鼠笼式转子结构示意图
1. 转子铁芯 2. 笼形绕组

芯，整个绕组的外形好像一个鼠笼。转轴的作用是用来支承转子铁芯，并输出机械转矩。

转子被包围在定子铁芯内，在定子和转子之间形成一个间隙，称为气隙，其值为 0.25~1.5 mm。定子铁芯、转子铁芯和气隙组成电动机的磁路。

(3) 端盖和轴承

电动机的端盖和轴承座是一体的，一般采用铸铁制成，上面装有滚动轴承，轴承靠润滑脂润滑。端盖除了作为保护壳外，还起支承轴承的作用。

(4) 接线盒

接线盒一般由盒座、盒盖和接线板等组成。接线板由塑料制成，内嵌有六个互相绝缘的接线螺栓，盒内装有接地螺钉，用于安装接地线，外有橡皮衬垫用于密封。

(5) 风扇和风罩

电动机工作时产生的热量通过电机轴后端装有的风扇和风罩散热。电动机内部的热量主要通过铁芯传到机座上，冷却空气从风罩后端进入，沿着机座散热片间的沟槽高速吹拂，带走热量。外风扇一般由铸铁、铸铝或塑料制成。

2. 工作原理

当三相异步电动机的三相定子绕组通入三相交流电后，将产生一个旋转磁场，该旋转磁场切割转子绕组，从而在转子绕组中产生感应电动势。由于转子绕组是闭合通路，转子中便有电流产生，电流方向与电动势方向相同，而载流的转子导体在定子旋转磁场作用下将产生电磁力，由电磁力产生电磁转矩，驱动电动机旋转。电动机旋转方向与旋转磁场方向相同，如图 2-5 所示。

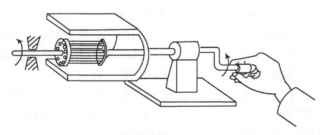

图 2-5　三相异步电动机工作原理

三、直流电动机的构造与工作原理

直流电动机是一种将直流电能和机械能相互转化的旋转电机。直流电动机既可用作发电机将机械能转换为直流电能，又可用作电动机将直流电能转换为机械能。直流发电机具有电压波形好、过载能力大的特点，常用于发电厂同步发电机的励磁，由于可控硅技术的发展，直流励磁机有逐步被替代的趋势；而直流电动机具有良好的启动性能和调速性能，广泛用于某些工业部门。但是直流电动机存在电流换向的问题，因而结构复杂，造价高，运行维护困难。

1. 直流电动机的构造

直流电动机(图 2-6)主要由静止的定子和旋转的转子两大部分组成。定子与转子之间的空隙称为气隙。定子部分包括机座、主磁极、换向极、端盖、电刷等部件。转子部分包括电枢铁芯、电枢绕组、换向器、转轴、风扇等部件。

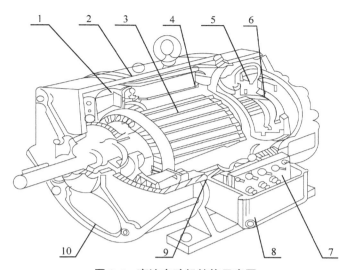

图 2-6　直流电动机结构示意图

1. 风扇　2. 机座　3. 电枢　4. 主磁极　5. 刷架　6. 换向器
7. 接线板　8. 出线盒　9. 换向极　10. 端盖

(1) 定子部分

机座的作用主要是固定主磁极、换向极、端盖等，机座还是磁路的一部分，用于通过磁通的部分称为磁轭。机座通常用铸钢或厚钢板焊接而成，具有良好的导磁性能和机械强度。主磁极的作用是产生气隙磁场。如图 2-7 所示，主磁极包括铁芯和励磁绕组两部分。主磁极铁芯柱体部分称为极身，靠近气隙一端较宽的部分称为极靴，极靴做成圆弧形，使气隙磁通均匀，极身套有产生磁通的励磁绕组。主磁极铁芯一般由 1.0~1.5 mm 厚的低碳钢板冲片叠压铆接而成。换向极的作用是改善直流电机换向。如图 2-8 所示，换向极由铁芯和绕组组成；换向极铁芯用整块钢制成，如要求较高，则用 1.0~1.5 mm 厚的钢板叠压而成；绕组用粗铜线绕制，流过的是电枢电流。换向极一般安装在相邻两主磁极正中间。电刷装置既起连接内外电路的作用，又起交流、直流变换的作用，如图 2-9 所示，由电刷、刷握、刷杆、刷杆架、弹簧、座圈、弹簧压板、铜辫构成。一般情况下，电刷组的个数等于主磁极的个数。

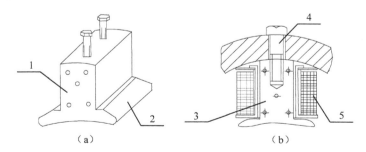

图 2-7　直流电动机的主磁极

(a) 结构示意图　(b) 剖面示意图

1. 极身　2. 极靴　3. 主磁极铁芯　4. 螺栓　5. 励磁绕组

(2) 转子部分

电枢铁芯作为磁路的一部分,用 0.5 mm 厚、两边涂有绝缘漆的硅钢片冲片叠压而成,如图 2-10 所示。电枢铁芯外圆周开槽,用于嵌放电枢绕组。电枢绕组的作用是产生感应电动势、通过电枢电流,它是电机实现机电能量转换的关键。电枢绕组是由绝缘导线绕成的线圈(或称元件),按一定规律连接而成。换向器的作用是使电枢绕组中电流换向,如图 2-11 所示,多个压在一起的梯形铜片构成的一个圆筒,片与片之间用一层薄云母绝缘,电枢绕组各元件的始端和末端与换向片按一定规律连接。换向器与转轴固定在一起。

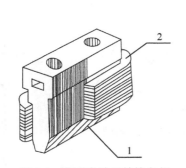

图 2-8 直流电动机的换向极
1. 换向极铁芯 2. 换向极绕组

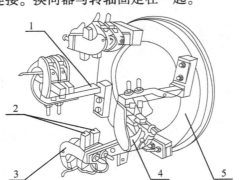

图 2-9 直流电动机的电刷装置
1. 刷杆 2. 电刷 3. 刷握 4. 弹簧压板 5. 座圈

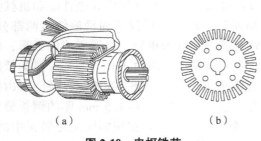

图 2-10 电枢铁芯
(a)结构示意图 (b)剖面示意图

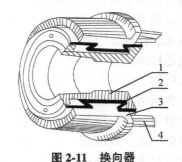

图 2-11 换向器
1. V 形套筒 2. 云母片 3. 换向片 4. 连接片

2. 工作原理

直流电动机是根据通电导体在磁场中受力而运动的原理制成。根据电磁力定律可知,通电导体在磁场中要受到电磁力的作用,电磁力的方向用左手定则来判定。

如图 2-12(a)所示,导体 ab 在 N 极下,电流方向由 a 到 b,根据左手定则可知导体 ab 受力方向向左;导体 cd 在 S 极下,电流方向由 c 到 d,因此导体 cd 的受力方向向右。两个电磁力所产生的电磁转矩使电枢按逆时针方向旋转。当转子旋转 180°,转到如图 2-12(b)所示的位置时,导体 ab 转到 S 极下,电流方向由 b 到 a,导体的受力方向向右;而导体 cd 在 N 极下,电流方向由 d 到 c,导体的受力方向向左,故电枢仍按逆时针方向旋转。

由此可知,通过换向器的作用与电源负极相连的电刷 B 始终和 S 极下导体相连,故 S 极下导体中电流方向恒为流出;而与电源正极相连的电刷 A 始终和 N 极下导体相连,故 N 极下导体中电流方向恒为流入。当导体 ab 与 cd 不断交替出现在 N 极和 S 极下时,两导体所受电磁力矩始终为逆时针方向,因而使电枢按一定方向旋转。

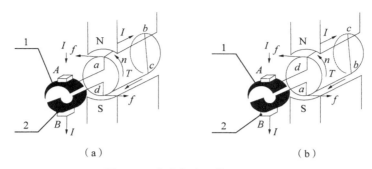

图 2-12 直流电动机的工作原理
(a) 导体 ab 与 cd 分别处在 N 极和 S 极下时
(b) 导体 cd 与 ab 分别处在 N 极和 S 极下时
1. 换向器 2. 电刷

直流电动机是把直流电能转变为机械能的设备。它有以下几方面的优点：
① 调速范围广，且易于平滑调节。
② 过载能力强，启动、制动转矩大。
③ 易于控制，可靠性高。

直流电动机调速时的能量损耗较小，所以在调速要求高的场所，如智能草坪养护、植保机械等方面，直流电动机均得到了广泛的应用。

第二节 内燃机简介

内燃机是指燃料直接在气缸内部燃烧，并通过一定的机构将燃料燃烧时产生的热能转化为机械能而对外做功的一种动力机械。内燃机由于具有热效率高、体积小、质量轻、便于移动及启动性能好等优点，广泛应用于各种车辆和农业装备等。

一、内燃机的分类

内燃机的结构形式很多，根据其将热能转化为机械能的主要构件的形式，可分为活塞式内燃机和燃气轮机两类。

活塞式内燃机可根据不同的特征进行以下分类。

(1) 按所用燃料分类

活塞式内燃机可分为液体燃料内燃机(汽油机、柴油机等)和气体燃料内燃机(天然气内燃机、液化石油气内燃机等)。

(2) 按点火方式分类

活塞式内燃机可分为压燃式内燃机(柴油机)和点燃式内燃机(汽油机)。由于柴油较汽油的黏度大，不易蒸发，自燃点低，因此采用压燃式点火方式。即通过喷油泵和喷油器将柴油直接喷入发动机气缸，在气缸内与压缩空气均匀混合后，在高压高温下自燃。由于汽油的自燃点比柴油的高，因此一般采用点燃式点火方式，即利用火花塞发出的电火花强制点燃汽油，使其着火燃烧。

(3) 按工作循环的行程数分类

活塞式内燃机根据每一工作循环所需活塞行程数可分为四冲程内燃机和二冲程内燃机。四个行程完成一个工作循环的称为四冲程内燃机；两个行程完成一个工作循环的称为二冲程内燃机。

(4) 按气缸数及其排列方式分类

活塞式内燃机可分为单缸内燃机和多缸内燃机。仅有一个气缸的称为单缸内燃机；有两个及以上气缸的称为多缸内燃机。单缸内燃机有立式和卧式；多缸内燃机有V形和对置式。

(5) 按冷却方式分类

根据冷却方式不同，活塞式内燃机可以分为水冷式和风冷式。

(6) 按进气方式分类

活塞式内燃机可分为非增压式内燃机和增压式内燃机。不装增压器，空气靠活塞的抽吸作用进入气缸的内燃机称为非增压式内燃机；装有增压器，并通过其提高进气压力和进气量的内燃机称为增压式内燃机。

二、内燃机的构造与工作原理

1. 内燃机的构造

内燃机是一种热机，燃料在气缸中进行着复杂的能量转换过程，先由化学能转换为热能，再由热能转变为机械能。为了保证内燃机能够正常地连续运转和更好地实现能量转换，往复式内燃机都由下列两个机构和六个系统组成(点火系统仅用在汽油机)。

(1) 曲柄连杆机构与机体

如图2-13所示，曲柄连杆机构是内燃机中的运动部件，它由活塞组、连杆组、曲轴组三部分组成。曲柄连杆机构的功能是将活塞的往复运动通过连杆的作用转化为曲轴的旋转运动，从而实现热能到机械能的能量转换过程。机体的作用是作为内燃机中各机构、各系统的安装骨架，并分别作为它们的组成部分，主要由气缸盖、气缸体、曲轴箱和油底壳等零部件组成。

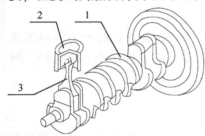

图2-13 曲柄连杆机构示意图
1. 曲轴组 2. 活塞组 3. 连杆组

(2) 配气机构

配气机构的作用是按内燃机工作循环的需要，定时地向气缸供应充足的新鲜空气(柴油机)或可燃混合气(汽油机)，并将废气排出气缸。如图2-14所示，配气机构主要由气门组和气门传动组两部分组成。配气机构按其气门安装位置的不同，可分为顶置式和侧置式两种。

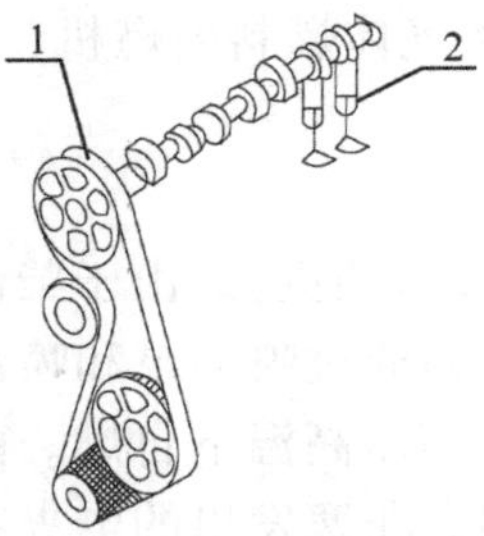

(3) 进、排气系统

进、排气系统主要是向各气缸供给充足、干净的新鲜空气并保证气缸中的燃烧产物(废气)排除干净。进、排气系统由空气滤清器、进气管、排气管、消音器等零部件组成。

图2-14 配气机构示意图
1. 气门传动组 2. 气门组

(4) 燃料供给系统

燃料供给系统的作用是按内燃机工作循环所规定的时间和负荷的需要向气缸中供给适量的燃油。由于柴油机和汽油机两者的可燃混合气形成的方式不同，因此，它们的燃料供给系统有很大的差异。

(5) 润滑系统

润滑系统的功用是将清洁的润滑油通过机油泵的抽吸作用，以一定的压力不断地送到内燃机各摩擦副，以减少其摩擦损失和磨损，并起到一定的冷却、清洗及防锈作用。润滑系统由机油泵、机油滤清器和机油冷却器等零部件组成。

(6) 冷却系统

如图 2-15 所示，冷却系统的作用是对高温零件（如气缸盖、气缸套等）进行冷却，以保证内燃机的正常工作。内燃机的冷却系统有水冷式和风冷式两种。风冷式冷却系统比较简单，一般用于小功率的内燃机，其冷却介质是空气，用气缸盖和气缸体上布满的散热片进行散热。对一些较大功率的风冷式内燃机还需配备风扇，以加强冷却效果。水冷式冷却系统用水作为冷却介质，将内燃机受热零件的热量带走。它的结构比较复杂，根据冷却水循环方式不同又分为蒸发式、自然循环和强制循环三种。

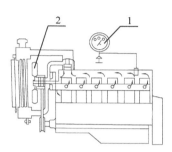

图 2-15　冷却系统示意图
1. 风扇　2. 温度表

(7) 启动系统

任何机器从静止状态转变为运动状态，都需要借助于外力的作用，当然内燃机也不例外。启动系统的作用就是提供外力，以保证内燃机启动。内燃机的启动系统主要取决于启动方式，不同的启动方式有不同的启动设备。

(8) 点火系统

点火系统只用在汽油机上，因此汽油机要比柴油机多一套电器点火系统，它的功用是按照汽油机各气缸的工作顺序，在适当的时刻供应电火花，点燃混合气，使汽油机正常工作。点火系统由蓄电池、发电机、点火线圈、断电器、配电器及火花塞等零部件组成。

2. 内燃机的工作原理

(1) 基本名词

①上止点和下止点：上止点和下止点是活塞在气缸内做上下往复运动的两个极端位置，如图 2-16 所示。活塞顶面离曲轴中心线最远的位置，称为上止点。活塞顶面离曲轴中心线最近的位置，称为下止点。

②活塞行程(S)：活塞由一个止点移至另一个止点所经过的直线距离称为活塞行程，活塞行程 S 为曲柄半径 R 的 2 倍。

③工作容积(V_b)：活塞从上止点到下止点所扫过的气缸容积称为气缸工作容积。

④燃烧室容积(V_c)：如图 2-16 所示，当活塞位于上止点时，活塞顶上部的空间称为燃烧室，其容积称为燃烧室容积。

⑤气缸总容积(V_c+V_b)：当活塞位于下止点时，其上部的空间称为气缸总容积。

⑥压缩比：气缸总容积和燃烧室容积之比，称为压缩比。它是内燃机的一个极为重要的结构参数。

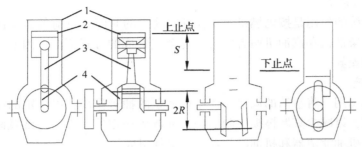

图 2-16　内燃机上、下止点和各容积的位置关系
1. 缸体　2. 活塞　3. 连杆　4. 曲轴

(2) 工作原理

内燃机将燃料的热能转换为机械能的过程是按一定规律进行的。首先，气缸充入新鲜充量，接着将新鲜充量进行压缩，随后被压缩的新鲜充量进行燃烧—膨胀，推动活塞下移，并通过连杆的作用使曲轴旋转而对外做功，最后将燃烧后的废气排出气缸外。内燃机每实现一次热能转换，要经历一系列连续过程，构成一个工作循环。

上述进气、压缩、做功、排气四个连续过程称为内燃机的工作循环。要使内燃机连续不断地工作，就必须使工作循环周而复始地进行下去。

内燃机工作循环可以在活塞上下移动两次（曲轴旋转两圈 720°）中完成，也可以在活塞上下移动一次（曲轴旋转一圈 360°）中完成。前者活塞在曲轴旋转两圈的过程中走过了四个行程，后者活塞在曲轴旋转一圈的过程中走过了两个行程。

第三节　柴油机简介

一、柴油机的构造

柴油机通常由两大机构、五大系统组成。它们分别是曲柄连杆机构、配气机构、进排气系统、燃料供给系统、润滑系统、冷却系统、启动系统。这些系统的作用和构成在上节已经做了较详细的介绍，此处不再赘述。下面仅就柴油机的燃料供给系统做介绍。

如图 2-17 所示，柴油机的燃料供给系统一般由低压油路和高压油路两部分组成。低压油路中，在输油泵的作用下，将柴油由柴油箱经过柴油滤清器压入喷油泵；高压油路中，喷油泵在一定的时间间隔内使油压升高，按不同工况所需的供油量，经高压油管输送到喷油器。最后经喷油孔形成雾状喷入燃烧室。其流动路线为：柴油箱→输油泵→柴油滤清器→喷油泵→高压油管→喷油器→燃烧室。

二、四冲程柴油机的工作原理

四冲程柴油机的每一个工作循环都需经历进气、压缩、做功和排气四个行程，如图 2-18 所示。

1. 进气行程

如图 2-18（a）所示，进气门打开、排气门关闭，旋转的曲轴带动活塞从上止点向下止

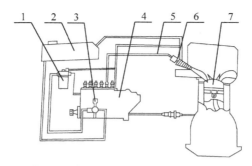

图 2-17 柴油机的燃料供给系统示意图
1. 柴油滤清器 2. 柴油箱 3. 输油泵 4. 喷油泵 5. 高压油管 6. 喷油器 7. 燃烧室

点运动,气缸内容积增大,压力降低而形成真空,将可燃混合气吸入气缸。由于进气系统的阻力,进气终了时气缸内气体的压力略低于大气压,为 0.075~0.09 MPa,温度为 370~400 K。在此行程中,纯空气经过进气门进入气缸。

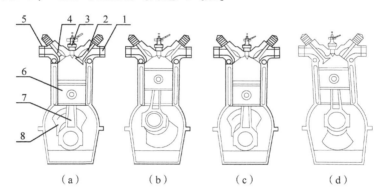

图 2-18 四冲程柴油机工作原理
(a)进气行程 (b)压缩行程 (c)做功行程 (d)排气行程
1. 进气道 2. 进气门 3. 喷油器 4. 排气门 5. 排气道 6. 活塞 7. 连杆 8. 曲轴

2. 压缩行程

如图 2-18(b)所示,为使吸入缸内的混合气迅速燃烧,释放出更多的热量,使发动机输出更大的功率,必须在混合气燃烧前对其进行压缩,使其容积变小、温度升高,因此,进气终了前便进入压缩行程。在此行程中,进、排气门均关闭,曲轴推动活塞由下止点向上止点移动完成该行程。由于柴油机的压缩比高,压缩终了时的温度和压力也高,压力可达 3~5 MPa,温度可达 800~1 000 K。

3. 做功行程

如图 2-18(c)所示,第一阶段,在压缩行程终了时,喷油泵经喷油器将高压柴油呈雾状喷入气缸内的高温高压空气中。迅速汽化与空气形成混合气,此时气缸内的温度远远高于柴油的自燃温度(500 K 左右),柴油便立即自行着火燃烧。第二阶段,边喷油边燃烧,气缸内压力、温度急剧升高,推动活塞下行做功。在此行程中,瞬时压力可达 5~10 MPa,瞬时温度可达 1 800~2 200 K。做功终了时压力为 0.2~0.4 MPa,温度为 1 200~1 500 K。

4. 排气行程

如图 2-18(d)所示，混合气燃烧后成为废气，应从气缸内排出，以便下一个工作循环得以进行。当做功行程接近终了时，排气门打开，进气门仍然关闭，废气因压力高于大气压力而自动排出。此外，当活塞越过下止点上移时，靠活塞的推挤作用强制排气。活塞到上止点附近时，排气行程结束，至此发动机完成一个工作循环，接着又开始下一个工作循环。排气终了时，气缸压力为 0.105~0.125 MPa，温度为 800~1 000 K。

第四节 汽油机简介

一、汽油机的构造

与柴油机相比，汽油机除具有柴油机的两大机构和五大系统外，还有点火系统。其供油系统有其自身特点，一般由汽油泵和化油器(即汽化器)构成。汽油泵产生抽吸作用，将汽油从汽油箱中吸向化油器，汽油在化油器中与新鲜空气混合成可燃混合气，再通过进气管在进气门开启时，被吸入气缸。

二、四冲程汽油机的工作原理

四冲程汽油机的每一个工作循环都需经历进气、压缩、做功和排气四个行程，如图 2-19 所示。

1. 进气行程

如图 2-19(a)所示，此行程与柴油机不同的是，进入气缸的不是纯空气，而是可燃混合气。

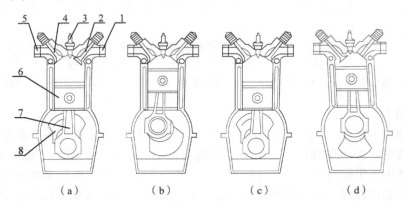

图 2-19 四冲程汽油机工作原理
(a)进气行程 (b)压缩行程 (c)做功行程 (d)排气行程
1. 进气道 2. 进气门 3. 火花塞 4. 排气门 5. 排气道 6. 活塞 7. 连杆 8. 曲轴

2. 压缩行程

如图 2-19(b)所示，此行程与柴油机不同的是汽油机的压缩比低，压缩终了时的温度和压力也低，压力可达 0.6~1.2 MPa，温度可达 600~700 K。

3. 做功行程

如图 2-19(c)所示，此行程与柴油机有很大的不同，在压缩行程接近终了时，火花塞产生电火花点燃混合气,此时进、排气门仍关闭。混合气的迅速燃烧使缸内气体温度和压力迅速升高,最高压力可达 5~9 MPa,最高温度可达 2 200~2 800 K,在高温高压气体的推动下,活塞向下止点运动,活塞下移通过连杆使曲轴旋转运动,产生转矩而做功。发动机至此完成了一次将热能转变为机械能的过程。在做功终了时,压力下降为 0.3~0.5 MPa,温度降为 1 300~1 600 K。

4. 排气行程

如图 2-19(d)所示,此行程与柴油机的基本相同,排气终了时,缸内压力为 0.105~0.115 MPa,温度为 900~1 200 K。

第五节 内燃机的使用

一、内燃机的性能指标

为了合理选择、使用内燃机,必须了解内燃机的性能——动力性和经济性,以及这些性能的变化规律和影响因素。在发动机产品使用说明书中,常附有主要性能指标,可以了解发动机的有关性能。

内燃机的动力性指标主要用功率表示,经济性指标主要用耗油率表示。

1. 有效扭矩

有效扭矩是指发动机曲轴输出的扭矩,用符号 M_e 表示,单位为 N·m。有效扭矩表示内燃机克服工作机械阻力矩能力的大小,在作业机械配套发动机时,不允许最大阻力矩超过内燃机的有效扭矩。

2. 有效功率

有效功率是指曲轴上传送出来的功率,也称轴功率,用 N_e 表示,单位为 kW。它表示内燃机在单位时间内所做的功。

$$N_e = \frac{nM_e}{9\ 549} \tag{2-1}$$

式中,n 为转速(r/min)。

3. 燃油消耗率

内燃机每小时内所消耗的燃油量,称为燃油消耗量,简称耗油量,用 G_t 表示,单位为 kg/h。由于每台内燃机的功率不同,所以耗油量不能用来比较功率不同的内燃机的经济性。燃油消耗率用于比较功率不同的内燃机的经济性,简称耗油率,用 g_e 表示,单位为 g/(kW·h)。耗油量与耗油率的关系如下:

$$g_e = \frac{G_t}{N_e} \times 1\ 000 \tag{2-2}$$

二、内燃机的磨合

新的或大修后的内燃机,在投入负荷作业前必须进行磨合。因为新装配的零件,其工作表面还存在不同程度的凹凸不平的加工痕迹,还未达到理想的技术状态。这种零件不能立即在大负荷下工作,否则将加剧零件的磨损,降低内燃机的使用寿命。磨合就是在人为控制的条件下，缓慢地增加转速，逐渐增加负荷，使机件表面逐渐研磨平滑，并得到最合适的间隙和良好的润滑，为内燃机以后正常工作打下良好的基础。

磨合包括空转磨合和负荷磨合。空转磨合一般为 30 min，内燃机启动以后，以低速、中速和高速各运转数分钟。在空转磨合过程中，应倾听内燃机有无异常响声；检查燃油、机油和冷却水有无渗漏；观察排烟情况及各种仪表等读数是否正常。如有故障应查清原因并加以排除后，才可进行负荷磨合。负荷磨合是结合作业机械进行的，一般以 1/4 负荷、1/2 负荷和 3/4 负荷状态各工作 10 h 左右。负荷磨合过程中，应观察各种仪表和排烟情况；倾听内燃机各部位声音等是否正常。发现不正常现象时应及时停车进行检查排除。经磨合后，须对内燃机进行全面检查和保养，包括更换各部位的润滑油，清洗冷却系，检查和调整气门间隙，拧紧汽缸盖、连杆等处的螺栓、螺母。只有经过空转和负荷磨合后，内燃机才能投入全负荷工作。

三、内燃机的操作

在内燃机启动时，首先做好启动前的准备工作，再按内燃机的操作规程进行启动、运行、停车，以保证人身安全和延长内燃机的使用寿命。

1. 柴油机的操作

（1）启动前的准备

①检查油箱油位，不足应添加；检查油路有无漏油现象。

②检查油路中是否有空气，如有空气应排除干净。将柴油滤清器及喷油泵的放气螺塞松开，用手油泵泵油，将油路中的空气排除干净，拧紧放气螺塞。松开喷油器处高压油管接头螺母，用泵油手柄或转动曲轴使喷油泵泵油，驱动高压油管中的空气，直至油管接头处冒出的柴油不含气泡为止，再拧紧高压油管接头螺母。

③检查油底壳、喷油泵等润滑油面，不足应加润滑油。

④检查空气滤清器的油盘，油不足应加油。纸质滤芯破损应更换同型号新的滤芯。

⑤若发动机长期不用或更换机油滤芯后，须转动曲轴，使整个润滑系统充满润滑油，直至油压表指针摆动为止。

⑥向冷却系内加注规定数量的冷却液，风扇皮带紧度应符合要求。

⑦检查柴油机与作业机是否处于分离状态。

（2）启动

①电启动操作：常温启动时，将手油门放在中间位置。将启动开关旋至"启动"位置。待柴油机启动后，立即让开关复位。若 5 s 内尚未启动，应停歇 15 s 后再启动；若连续三次启动不着，应查明原因，排除故障后再行启动。在环境温度低于 5℃时，应利用减压机械、电火焰预热塞或电热塞辅助启动。先将减压杆放在减压位置，再将启动开关旋至"预热"位置，用电火焰预热塞时，通电 15~20 s；用电热塞时，通电 1 min，然后将启动开关旋至"启动"位置，启动电机立即带动柴油机旋转，空转数转后，放回减压杆，待启动后，立即让启动开关回位。如一次启动不着，应停歇数分钟后再启动。当天气寒冷时，上述方法不能启动时，可用热水预热机体；还可将机油放出，加热至 80~90℃再加入柴油机中。机油加热时，应随时搅拌，防止局部过热而变质。

②人力手摇启动的操作：启动时将手油门放在中间位置，左手操作减压手柄进行减

压，右手握住摇手柄，用力摇转曲轴。当转速最快时，放下减压手柄，并继续摇转曲轴即可着火启动。注意正确使用摇手柄，以免曲轴转动时，摇手柄甩出伤人。

（3）运行

启动后减小油门，先用怠速运行，如运行正常可逐渐提高转速，进行预热运转，待冷却水温升至60℃以上，方可进行负荷作业。运行中应随时倾听声音，并观察油压表或压力指示器、水温表，如发现故障应停车检查。

（4）停车

柴油机由于重负荷工作机温高，应在去掉负荷后低速转数分钟，使气门、活塞、汽缸盖等机件逐渐冷却后再停车。停车时可将手油门放至停油位置，柴油机停止运行。

2. 汽油机的操作

（1）启动前的准备

小型汽油机启动前的准备工作基本上与柴油机相同，另外还应做好以下工作：

①打开油箱开关，用加浓按钮，适当关闭阻风门。热机启动时，可不用加浓按钮，阻风门可适当关小或不关小。

②将手油门放在1/3~1/2开度位置。

（2）启动

小型汽油机采用拉绳启动。启动时将拉绳按规定旋转方向绕在启动轮上，绕的圈数不宜过多，以2~3圈为宜，迅速拉动启动绳即可启动。应注意，不要把启动绳缠绕在手上，以防汽油机反转时，导致人身事故。

（3）运行与停车

①运行：启动后，随着转速增高，应及时将阻风门打开。低速运行2 min，待机温升高至正常后再进行负荷作业。严禁空载大油门高速运转。运转中应注意有无异常声响和不正常情况，发现故障应立即停机检查。

②停车：停车前应使汽油机空载，低速运转2~3 min，使机温下降，然后关闭节气门，使转速降至怠速，按熄火按钮到完全停机为止，关闭油箱开关。

四、油料的使用

1. 柴油

（1）柴油的种类和牌号

国产柴油分轻柴油、重柴油和农用柴油。

①轻柴油：是拖拉机、农用汽车和高速柴油机（1 000 r/min）等所用的燃料。根据国家标准，轻柴油按凝点分为10、0、-10、-20、-35五个牌号，代号分别为RCZ-10、RC-0、RC-10、RC-20、RC-35。代号中"R"和"C"表示"燃"和"柴"，"Z"表示"正"，数字为牌号。

②重柴油：用于300~1 000 r/min低速柴油机上。按凝点分为10、20、30三个牌号，它的凝点虽高，但含硫量极少，燃烧性能好。

③农用柴油：是一种经济燃料，凝点高，只有20号一种，所以只适用于暖和季节。

（2）柴油的选用

为保证柴油机工作正常，应根据不同地区和季节选用不同牌号的柴油。因为凝点低的柴油价格高，供应量少，所以在气温允许的条件下，应尽量延长高凝点柴油的使用时间，以降低使用成本。一般选用柴油的凝点应低于季节最低气温3～5℃，以保证在最低气温时也不致混浊而影响使用。0号柴油在全国各地4～9月和长江以南地区冬季使用；−10号在长城以南地区冬季和长江以南地区严冬使用；−20号柴油在长城以北地区冬季和长城以南、黄河以北地区严冬使用；−35号在东北和西北地区严冬使用；10号和20号柴油适合于气温高于10℃和20℃的季节使用。

（3）柴油的净化

由于生产和运输过程的诸多原因，柴油的清洁程度很低，没有经过沉淀的柴油不能直接加入柴油机的油箱中。一般情况下，柴油使用前应在油罐内沉淀96 h以上，在油桶内应沉淀48 h以上。

2. 汽油

（1）汽油的种类和牌号

车用汽油（国Ⅵ）按研究法辛烷值分为89、92、95和98四个牌号。

（2）汽油的选用

选用汽油时，严格按照汽油机使用说明书上推荐的汽油标号选择汽油的牌号。同时注意要求的辛烷值是研究法辛烷值还是马达法辛烷值。在汽油机使用说明书上未推荐汽油标号时，应根据发动机压缩比来选择。压缩比高的汽油机，应选用高牌号汽油；反之，则应选用低牌号汽油。汽油的牌号越高，价格也越高。如选用不当，会造成汽油浪费，且增加成本。一般情况下，压缩比在7.5～8.5的发动机应选用90～93号汽油；压缩比在8.5～9.0的发动机应选93～95号汽油；压缩比在9.5～10.0的发动机应选用95～98号汽油。

3. 润滑油

（1）润滑油的种类和牌号

内燃机用润滑油（GB/T 28772—2012）分为柴油机油、汽油机油和农用柴油机油三种。

①柴油机油：包括CC、CD、CF、CF-4、CH-4和CI-4 6个品种。其中，按黏度等级分有40个等级。柴油机油（GB 11122—2006）黏温性能要求、特性和使用场合见表2-1和表2-2所列。润滑油牌号越大，其黏度越大。

表2-1 柴油机油黏温性能要求

项目		低温动力黏度/(mPa·s)不大于	边界泵送温度/℃不高于	运动黏度(100℃)/(mm²/s)	高温高剪切黏度(150℃, $10^6 s^{-1}$)/(mPa·s)不大于	黏度指数不小于	倾点/℃不高于
试验方法		GB/T 6538	GB/T 9171	GB/T 265	SH/T 0618[b]、SH/T 0703、SH/T 0751	GB/T 1995、GB/T 2541	GB/T 3535
质量等级	黏度等级	—					
CC[a] CD	0W-20	3 250(−30℃)	−35	5.6～<9.3	2.6	—	−40
	0W-30	3 250(−30℃)	−35	9.3～<12.5	2.9	—	
	0W-40	3 250(−30℃)	−35	12.5～<16.3	2.9	—	
	5W-20	3 500(−25℃)	−30	5.6～<9.3	2.6		−35
	5W-30	3 500(−25℃)	−30	9.3～<12.5	2.9		

(续)

项　目		低温动力黏度/(mPa·s) 不大于	边界泵送温度/℃ 不高于	运动黏度（100℃）/(mm²/s)	高温高剪切黏度（150℃，$10^6 s^{-1}$）/(mPa·s)不大于	黏度指数 不小于	倾点/℃ 不高于
试验方法		GB/T 6538	GB/T 9171	GB/T 265	SH/T 0618[b]、SH/T 0703、SH/T 0751	GB/T 1995、GB/T 2541	GB/T 3535
质量等级	黏度等级	—	—				
CC[a] CD	5W-40	3 500(-25℃)	-30	12.5~<16.3	2.9	—	-35
	5W-50	3 500(-25℃)	-30	16.3~<21.9	3.7	—	
	10W-30	3 500(-20℃)	-25	9.3~<12.5	2.9	—	-30
	10W-40	3 500(-20℃)	-25	12.5~<16.3	2.9	—	
	10W-50	3 500(-20℃)	-25	16.3~<21.9	3.7	—	
	15W-30	3 500(-15℃)	-20	9.3~<12.5	2.9	—	-23
	15W-40	3 500(-15℃)	-20	12.5~<16.3	3.7	—	
	15W-50	3 500(-15℃)	-20	16.3~<21.9	3.7	—	
	20W-40	4 500(-10℃)	-15	12.5~<16.3	3.7	—	-18
	20W-50	4 500(-10℃)	-15	16.3~<21.9	3.7	—	
	20W-60	4 500(-10℃)	-15	21.9~<26.1	3.7	—	
	30	—	—	9.3~<12.5	—	75	-15
	40	—	—	12.5~<16.3	—	80	-10
	50	—	—	16.3~<21.9	—	80	-5
	60	—	—	21.9~<26.1	—	80	-5

a　CC 不要求测定高温高剪切黏度
b　为仲裁方法

项　目		低温动力黏度/(mPa·s) 不大于	低温泵送黏度/(mPa·s) 在无屈服应力时，不大于	运动黏度（100℃）/(mm²/s)	高温高剪切黏度（150℃，$10^6 s^{-1}$)/(mPa·s)不大于	黏度指数 不小于	倾点/℃ 不高于
试验方法		GB/T 6538、ASTM D5293[b]	SH/T 0562	GB/T 265	SH/T 0618[c]、SH/T 0703、SH/T 0751	GB/T 1995、GB/T 2541	GB/T 3535
质量等级	黏度等级	—	—	—		—	—
CF、CF-4、CH-4、CI-4[a]	0W-20	6 200(-35℃)	60 000(-40℃)	5.6~<9.3	2.6		
	0W-30	6 200(-35℃)	60 000(-40℃)	9.3~<12.5	2.9		-40
	0W-40	6 200(-35℃)	60 000(-40℃)	12.5~<16.3	2.9		
	5W-20	6 600(-30℃)	60 000(-35℃)	5.6~<9.3	2.6		
	5W-30	6 600(-30℃)	60 000(-35℃)	9.3~<12.5	2.9		-35
	5W-40	6 600(-30℃)	60 000(-35℃)	12.5~<16.3	2.9		
	5W-50	6 600(-30℃)	60 000(-35℃)	16.3~<21.9	3.7		
	10W-30	7 000(-25℃)	60 000(-30℃)	9.3~<12.5	2.9		-30
	10W-40	7 000(-25℃)	60 000(-30℃)	12.5~<16.3	2.9		

（续）

项 目	低温动力黏度/(mPa·s)不大于	低温泵送黏度/(mPa·s)在无屈服应力时,不大于	运动黏度(100℃)(mm²/s)	高温高剪切黏度(150℃,10⁶ s⁻¹)/(mPa·s)不大于	黏度指数不小于	倾点/℃不高于
试验方法	GB/T 6538、ASTM D5293[b]	SH/T 0562	GB/T 265	SH/T 0618[c]、SH/T 0703、SH/T 0751	GB/T 1995、GB/T 2541	GB/T 3535
质量等级　黏度等级	—	—	—	—	—	—
CF、CF-4、CH-4、CI-4[a]　10W-50	7 000(-20℃)	60 000(-30℃)	16.3~<21.9	3.7	—	-30
15W-30	7 000(-20℃)	60 000(-25℃)	9.3~<12.5	2.9	—	-25
15W-40	7 000(-20℃)	60 000(-25℃)	12.5~<16.3	3.7	—	-25
15W-50	9 500(-15℃)	60 000(-25℃)	16.3~<21.9	3.7	—	-25
20W-40	9 500(-15℃)	60 000(-20℃)	12.5~<16.3	3.7	—	-20
20W-50	9 500(-15℃)	60 000(-20℃)	16.3~<21.9	3.7	—	-20
20W-60	9 500(-15℃)	60 000(-20℃)	21.9~<26.1	3.7	—	-20
30	—	—	9.3~<12.5	—	75	-15
40	—	—	12.5~<16.3	—	80	-10
50	—	—	16.3~<21.9	—	80	-5
60	—	—	21.9~<26.1	—	80	-5

a CI-4 所有黏度等级的高温高剪切黏度均为不小于 3.5 mPa·s，但当 SAE J300 指标高于 3.5 mPa·s 时，允许以 SAE J300 为准

b GB/T 6538—2000 正在修订中，在新标准正式发布前 0W 油使用 ASTM D 5293：2004 方法测定

c 为仲裁方法

表 2-2　柴油机油特性和使用场合

柴油机油	CC	用于中负荷及重负荷下运行的自然吸气、涡轮增压和机械增压式柴油机以及一些重负荷汽油机；对于柴油机具有控制高温沉积物和轴瓦腐蚀的性能，对于汽油机具有控制锈蚀、腐蚀和高温沉积物的性能
	CD	用于需要高效控制磨损及沉积物或使用包括高硫燃料自然吸气、涡轮增压和机械增压式柴油机以及要求使用 API CD 级油的柴油机；具有控制轴瓦腐蚀和高温沉积物的性能，并可代替 CC
	CF	用于非道路间接喷射式柴油发动机和其他柴油发动机，也可用于需有效控制活塞沉积物、磨损和含铜轴瓦腐蚀的自然吸气、涡轮增压和机械增压式柴油机；能够使用硫的质量分数大于 0.5% 的高硫柴油燃料，并可代替 CD
	CF-2	用于需高效控制气缸、环表面胶合和沉积物的二冲程柴油发动机
	CF-4	用于高速、四冲程柴油发动机以及要求使用 API CF-4 级油的柴油机，特别适用于高速公路行驶的重负荷卡车
	CG-4	用于可在高速公路和非道路使用的高速、四冲程柴油发动机；能够使用硫的质量分数小于 0.05%~0.5% 的柴油燃料；此油品可有效控制高温活塞沉积物、磨损、腐蚀、泡沫、氧化和烟灰的累积，并可代替 CF-4、CD 和 CC
	CH-4	用于高速、四冲程柴油发动机；能够使用硫的质量分数不大于 0.5% 的柴油燃料；即使在不利的应用场合，此种油品可凭借其在磨损控制，高温稳定性和烟炱控制方面的特性有效地保持发动机的耐久性；对于非铁金属的腐蚀，氧化和不溶物的增稠，泡沫性以及由于剪切所造成的黏度损失可提供最佳的保护；其性能优于 CG-4，并可代替 CG-4、CF-4、CD 和 CC

(续)

柴油机油	CI-4	用于高速、四冲程柴油发动机；能够使用硫的质量分数不大于 0.5% 的柴油燃料；此种油品在装有废气再循环装置的系统里使用可保持发动机的耐久性。对于腐蚀性和与烟炱有关的磨损倾向，活塞沉积物、以及由于烟炱累积所引起的黏温性变差、氧化增稠、机油消耗、泡沫性、密封材料的适应性降低和由于剪切所造成的黏度损失可提供最佳的保护；其性能优于 CH-4，并可代替 CH-4、CG-4、CF-4、CD 和 CC
	CJ-4	用于高速、四冲程柴油发动机；能够使用硫的质量分数不大于 0.05% 的柴油燃料；对于使用废气后处理系统的发动机，如使用硫的质量分数大于 0.0015% 的燃料，可能会影响废气后处理系统的耐久性和/或机油的换油期；此种油品在装有微粒过滤器和其他后处理系统里使用可特别有效地保持排放控制系统的耐久性；对于催化剂中毒的控制，微粒过滤器的堵塞，发动机磨损、活塞沉积物、高低温稳定性、烟炱处理特性、氧化增稠、泡沫性和由于剪切所造成的黏度损失可提供最佳的保护；其性能优于 CI-4，并可代替 CT-4、CH-4、CG-4、CF-4、CD 和 CC

②汽油机油：包括 SE、SF、SG、SH、GF-1、SJ、GF-2、SL 和 GF-3 9 个品种。其中，按黏度等级分有 34 个等级，汽油机油（GB 11121—2006）黏温性能要求、特性和使用场合见表 2-3 和表 2-4 所列。

表 2-3 汽油机油黏温性能要求

项 目		低温动力黏度/(mPa·s) 不大于	边界泵送温度/℃ 不高于	运动黏度(100℃)/(mm²/s)	黏度指数 不小于	倾点/℃ 不高于
试验方法		GB/T 6538	GB/T 9171	GB/T 265	GB/T 1995、GB/T 2541	GB/T 3535
质量等级	黏度等级	—	—		—	
SE、SF	0W-20	3 250(-30℃)	-35	5.6~<9.3	—	-40
	0W-30	3 250(-30℃)	-35	9.3~<12.5	—	
	5W-20	3 500(-25℃)	-30	5.6~<9.3	—	-35
	5W-30	3 500(-25℃)	-30	9.3~<12.5	—	
	5W-40	3 500(-25℃)	-30	12.5~<16.3	—	
	5W-50	3 500(-25℃)	-30	16.3~<21.9	—	
	10W-30	3 500(-20℃)	-25	9.3~<12.5	—	-30
	10W-40	3 500(-20℃)	-25	12.5~<16.3	—	
	10W-50	3 500(-20℃)	-25	16.3~<21.9	—	
	15W-30	3 500(-15℃)	-20	9.3~<12.5	—	-23
	15W-40	3 500(-15℃)	-20	12.5~<16.3	—	
	15W-50	3 500(-15℃)	-20	16.3~<21.9	—	
	20W-40	4 500(-10℃)	-15	12.5~<16.3	—	-18
	20W-50	4 500(-10℃)	-15	16.3~<21.9	—	
	30	—	—	9.3~<12.5	75	-15
	40	—	—	12.5~<16.3	80	-10
	50	—	—	16.3~<21.9	80	-5

（续）

项 目		低温动力黏度 /(mPa·s) 不大于	低温泵送黏度/ (mPa·s) 在无屈服应力时，不大于	运动黏度 (100℃)/ (mm²/s)	高温高剪切黏度 (150℃，10⁶s⁻¹)/ (mPa·s) 不大于	黏度指数 不小于	倾点/℃ 不高于
试验方法		GB/T 6538、ASTM D5293[c]	SH/T 0562	GB/T 265	SH/T 0618[d]、SH/T 2541、SH/T 0751	GB/T 1995、GB/T 2541	GB/T 3535
质量等级	黏度等级	—	—	—	—	—	—
SG、SH、GF-1[a]、SJ、GF-2[b]、SL、GF-3	0W-20	6 200(-35℃)	6 000(-40℃)	5.6~<9.3	2.6	—	-40
	0W-30	6 200(-35℃)	6 000(-40℃)	9.3~<12.5	2.9	—	
	5W-20	6 600(-30℃)	6 000(-35℃)	5.6~<9.3	2.6	—	-35
	5W-30	6 600(-30℃)	6 000(-35℃)	9.3~<12.5	2.9	—	
	5W-40	6 600(-30℃)	6 000(-35℃)	12.5~<16.3	2.9	—	
	5W-50	6 600(-30℃)	6 000(-35℃)	16.3~<21.9	3.7	—	
	10W-30	7 000(-25℃)	6 000(-30℃)	9.3~<12.5	2.9	—	-30
	10W-40	7 000(-25℃)	6 000(-30℃)	12.5~<16.3	2.9	—	
	10W-50	7 000(-25℃)	6 000(-30℃)	16.3~<21.9	3.7	—	
	15W-30	7 000(-20℃)	6 000(-25℃)	9.3~<12.5	2.9	—	-25
	15W-40	7 000(-20℃)	6 000(-25℃)	12.5~<16.3	3.7	—	
	15W-50	7 000(-20℃)	6 000(-25℃)	16.3~<21.9	3.7	—	
	20W-40	9 500(-15℃)	6 000(-20℃)	12.5~<16.3	3.7	—	-20
	20W-50	9 500(-15℃)	6 000(-20℃)	16.3~<21.9	3.7	—	
	30	—	—	9.3~<12.5	—	75	-15
	40	—	—	12.5~<16.3	—	80	-10
	50	—	—	16.3~<21.9	—	80	-5

a 10W 黏度等级低温动力黏度和低温泵送黏度的试验温度均升高 5℃，指标分别为：不大于 3 500 mPa·s 和 30 000 mPa·s

b 10W 黏度等级低温动力黏度的试验温度升高 5℃，指标为：不大于 3 500 mPa·s

c GB/T 6538—2000 正在修订中，在新标准正式发布前 0W 油使用 ASTM D5293：2004 方法测定

d 为仲裁方法

表 2-4 汽油机油特性和使用场合

应用范围	品种代号	特性和使用场合
汽油机油	SE	用于轿车和某些货车的汽油机以及要求使用 API SE 级的汽油机
	SF	用于轿车和某些货车的汽油机以及要求使用 API SF、SE 级油的汽油机；此种油品的抗氧化和抗磨损性能优于 SE，同时还具有控制汽油机沉积、锈蚀和腐蚀的性能，并可代 SE
	SG	用于轿车、货车和轻型卡车的汽油机以及要求使用 API SG 级油的油机；SG 质量还包括 CC 或 CD 的使用性能；此种油品改进了 SF 级油控制发动机沉积物、磨损和油的氧化性能，同时还具有抗锈蚀和腐蚀的性能，并可代 SF、SF/CD、SE 或 SE/CC

(续)

应用范围	品种代号	特性和使用场合
汽油机油	SH、GF-1	用于轿车、货车和轻型卡车的汽油机以及要求使用 API SH 级油的汽油机；此种油品在控制发动机沉积物、油的氧化、磨损、锈蚀和腐蚀等方面的性能优于 SG，并可代替 SG GF-1 与 SH 相比，增加了对燃料经济性的要求
	SJ、GF-2	用于轿车、运动型多用途汽车、货车和轻型卡车的汽油机以及要求使用 API SJ 级油的汽油机；此种油品在挥发性、过滤性、高温泡沫性和高温沉积物控制等方面的性能优于 SH；可代替 SH，并可在 SH 以前的"S"系列等级中使用 GF-2 与 SJ 相比增加了对燃料经济性的要求，GF-2 可代 GF-1
	SL、GF-3	用于轿车、运动型多用途汽车、货车和轻型卡车的汽油机以及要求使用 API SL 级油的汽油机；此种油品在挥发性、过滤性、高温泡沫性和高温沉积物控制等方面的性能优于 SJ；可代 SJ，并可在 SJ 以前的"S"系列等级中使用 GF-3 与 SL 相比，增加了对燃料经济性的要求 GF-3 可代 GF-2
	SM、GF-4	用于轿车、运动型多用途汽车货车和轻型卡车的汽油机以及要求使用 API SM 级油的汽油机；此种油品在高温氧化和清净性能、高温磨损性能以及高温沉积物控制等方面的性能优于 SL；可代 SL，并可在 SL 以前的"S"系列等级中使用 GF-4 与 SM 相比，增加了对燃料经济性的要求，GF-4 可代 GF-3
	SN、GF-5	用于轿车、运动型多用途汽车货车和轻型卡车的汽油机以及要求使用 API SN 级油的汽油机；此种油品在高温氧化和清净性能、低温油泥以及高温沉积物控制等方面的性能优于 SM；可代 SM，并可在 SM 以前的"S"系列等级中使用 对于资源节约型 SN 油品，除具有上述性能外，强调燃料经济性、对排放系统和涡轮增压器的保护以及与含乙醇最高达 85% 的燃料的兼容性能 GF-5 与资源节约型 SN 相比 性能基本一致，GF-5 可代 GF-4

③农用柴油机油：用于以单缸柴油机为动力的三轮汽车（原三轮农用运输车）、手扶变型运输机、小型拖拉机，还可用于其它以单缸柴油机为动力的小型农机具，如抽水机、发电机等。具有一定的抗氧、抗磨性能和清净分散性能。农用柴油机油（GB 20419—2006）的技术要求见表 2-5 所列。

表 2-5 农用柴油机油的技术要求

项 目		质量指标					
黏度等级（按 GB/T 14906）		10W-30	15W-30	15W-40	30	40	50
运动黏度（100℃）/(mm²/s)		9.3~<12.5	9.3~<12.5	12.5~<16.3	9.3~<12.5	12.5~<16.3	17.0~<21.9
黏度指数	不小于	—			60		
闪点（开口）/℃	不低于	195	200	205	210	215	220
倾点/℃	不高于	-30	-23	-23	-12	-3	0
低温动力黏度/(mPa·s)	不大于	3 500 (-20℃)	3 500 (-20℃)	3 500 (-20℃)	—	—	—
铜片腐蚀/级	不大于	1					
机械杂质（质量分数）/%	不大于	0.01					
水分（体积分数）/%		痕迹					
泡沫性《泡沫倾向/泡沫稳定性)/(mL/mL)							
24℃	不大于	25/0					
93.5℃	不大于	150/0					
后 24℃	不大于	25/0					

(续)

项　目		质量指标
磷(质量分数)/%	不小于	0.04
碱值(以 KOH 计)/(mg/g)	不小于	2.0
抗磨性《四球机试验》 磨斑直径 [392 N/60 min, 75℃ / 1 200(r/mim)]/mm	不大于	0.55

(2) 润滑油的选用

应根据润滑油的黏度、环境温度和发动机的磨损情况选用润滑油。环境温度高时，选用高黏度润滑油；环境温度低时，选用低黏度润滑油；磨损严重的发动机选用高黏度润滑油。高速柴油机选用柴油机润滑油，汽油机选用汽油机润滑油。农用柴油机油的选用应根据地区、季节、环境温度等条件，选择符合农用柴油机油的技术要求的黏度等级；气温低，选用黏度小的牌号；反之，选用高牌号。

第六节　拖拉机简介

拖拉机是用于牵引和驱动作业机械完成各项移动式作业的自走式动力机，也可作固定作业动力。拖拉机由于具有良好的动力性能、方便灵活的使用方式，在草坪机械中有广泛的应用。

一、拖拉机的分类

1. 按用途分类

我国生产的拖拉机按用途可分为工程用拖拉机、林业用拖拉机及农用拖拉机三大类。工程用拖拉机主要用于筑路、矿山、水利、石油和建筑等工程，也可用于农田基本建设。农用拖拉机主要用于农业生产，按其结构特点及应用条件不同，农用拖拉机又可分为以下几种类型。

(1) 普通型拖拉机

普通型拖拉机适用于一般条件下的各种农田移动作业、固定作业和运输作业等，它的特点是应用范围广。

(2) 园艺型拖拉机

园艺型拖拉机主要用于果园、菜地、茶园等各项作业，它的特点是体积小、功率小、机动灵活。

(3) 中耕型拖拉机

中耕型拖拉机主要用于玉米、高粱、棉花等高秆作物的中耕作业，也兼用于其他作业，具有较高的地隙和较窄的行走装置。

(4) 特殊用途型拖拉机

特殊用途型拖拉机适用于在特殊工作环境下作业或适用于某种特殊需要的拖拉机，如草坪拖拉机、山地拖拉机、沤田拖拉机(船形)、水田拖拉机和葡萄园拖拉机等。

2. 按行走装置结构形式分类

拖拉机按行走装置结构形式的不同，可分为履带式(或称链轨式)拖拉机、轮式拖拉机及手扶式拖拉机三种。半履带式拖拉机则是前两种拖拉机的变形。

（1）履带式拖拉机

履带式拖拉机主要用于土质黏重、潮湿地块田间作业和农田水利、土方工程及农田基本建设。

（2）轮式拖拉机

轮式拖拉机按驱动形式可分为两轮驱动的轮式拖拉机与四轮驱动的轮式拖拉机，前者的驱动形式代号用4×2来表示（分别表示车轮总数和驱动轮数），主要用于一般农田作业及运输作业等；后者的驱动形式代号用4×4表示，主要用于土质黏重、负荷较大的农田作业及泥道运输作业等。

（3）手扶式拖拉机

手扶式拖拉机是指只有一根行走轮轴、一个驱动轮或两个驱动轮的轮式拖拉机。在农田作业时，操作人员多为步行，用手扶持操纵，习惯上称为手扶拖拉机。有些手扶式拖拉机安有尾轮。

3. 按功率大小分类

①大型拖拉机：功率在73.6 kW[100 hp（马力）]以上。

②中型拖拉机：功率在14.7~73.6 kW（20~100 hp）。

③小型拖拉机：功率在14.7 kW（20 hp）以下。

二、拖拉机的构造和功用

拖拉机主要由发动机、传动系统、行走系统、转向系统、制动系统、工作装置及电气设备等部分组成，轮式拖拉机结构示意如图2-20所示。除发动机、工作装置和电气设备外，其余部分统称拖拉机底盘。拖拉机采用柴油机作为动力，其结构和工作原理已叙述，这里只介绍拖拉机的其余部分。

1. 传动系统

传动系统的功用是将发动机发出的动力传给驱动轮。它由离合器、变速箱、中央传动、最终传动等组成。

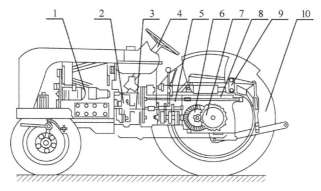

图2-20 轮式拖拉机结构示意图

1. 发动机 2. 离合器 3. 传动系统 4. 转向系统 5. 变速箱 6. 中央传动
7. 最终传动 8. 动力输出轴 9. 液压悬挂装置 10. 行走系统

(1) 离合器

离合器位于发动机与变速箱之间，其功用是切断发动机传来的动力，以便拖拉机换挡和停车；使发动机与传动系统平顺接合，保证车辆平稳起步；在传动系统转速突变或扭矩剧增时，防止传动系统零件过载损坏。离合器根据传动原理可分为啮合式和摩擦式，农用拖拉机普遍采用接合摩擦式离合器。

(2) 变速箱

变速箱的功用是在不改变发动机的扭矩和转速的情况下，改变拖拉机的驱动力和行驶速度；在发动机曲轴旋转方向不变的情况下，使拖拉机前进或后退；在发动机不熄火的情况下，可使拖拉机长时间停车或进行固定作业。变速箱分有级变速箱和无级变速箱两种。草业生产中使用的拖拉机普遍采用有级变速箱，即齿轮式变速箱。齿轮式变速箱主要由箱体、变速杆、拨叉、拨叉轴、齿轮和传动轴等组成。箱体内装有齿数不等的多组齿轮，由于配对齿轮的齿数不同，因此可改变传动转矩和转速。两个齿轮传动时，主动轴和从动轴的旋转方向相反，若两个齿轮中间再增加一个中间齿轮，则主动轴和从动轴旋转方向相同。当驾驶员通过变速杆操纵拨叉轴和拨叉，改变齿轮的啮合关系时，就能使拖拉机得到不同的速度和牵引力，并可以使拖拉机前进或倒退。

(3) 中央传动

中央传动的功用是进一步增大拖拉机传动系统的传动比，降低转速，增大转矩，并改变动力输出方向。轮式拖拉机和履带式拖拉机的中央传动由一对圆锥齿轮组成，小圆锥齿轮安装在变速箱从动轴上，驱动大圆锥齿轮，二者相交成直角，从而改变动力输出的方向。

(4) 最终传动

最终传动的功用是最后一次降低转速，增大转矩，然后将动力传送给驱动轮。最终传动的形式有圆柱齿轮式和行星齿轮式，以圆柱齿轮式应用最为广泛。

2. 行走系统

行走系统的功用是把由发动机经传动系统传到驱动轮上的驱动扭矩，转变为拖拉机行驶和工作时所需的驱动力，并支撑拖拉机机体，还能缓和不平地面对车身造成的冲击，以减少车身的振动，保证拖拉机的平稳行驶。轮式拖拉机行走系统由车架、前轴(前桥)、行走轮(驱动轮、导向轮)、悬架等组成。

3. 转向系统

转向系统用于操纵拖拉机的行驶方向，由转向操纵机构、转向传动机构和差速器(轮式拖拉机)或转向离合器(履带或手扶拖拉机)等组成。

4. 制动系统

制动系统的功用是在拖拉机行驶时，对运动的驱动轮产生阻力，使其减速或停止转动。拖拉机在坡上停车和田间作业时，制动系统也可使用单边制动协助转向。制动系统由制动器和制动操纵机构两部分组成。制动器是用来对运转中的驱动轮产生阻力矩的装置，使其能很快地减速或停止转动。制动操纵机构则是使制动器起作用的机构，为保证斜坡停车和定点作业，还有制动锁定装置，它能卡住已踏下的制动踏板，使其不能回位。目前，拖拉机上使用的制动器都是摩擦式的，主要由旋转元件和制动元件组成。旋转元件与车轮连在一起，随之转动。制动元件则是不动的，与机体连在一起。根据制动元件形状的不同，摩擦式制动器分盘式、蹄式和带式等类型。拖拉机一般采用蹄式或盘式制动器。

5. 工作装置

拖拉机的工作装置把动力传到机具上，带动各种机具进行作业。工作装置包括液压悬挂装置、牵引装置和动力输出装置。下面仅对液压悬挂装置的结构进行介绍。液压悬挂装置利用压力油作动力，操纵机具升降和控制耕深。有些拖拉机还可以进行液压输出，把压力油输送到作业机械完成其他工作。液压悬挂装置由液压系统和悬挂机构等组成，如图 2-21 所示。

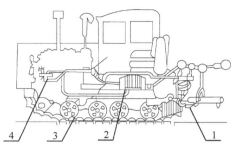

图 2-21　液压悬挂装置示意图
1. 油缸　2. 油箱　3. 分配器　4. 油泵

（1）液压系统

液压系统是拖拉机液压悬挂装置的动力和控制部分，它利用液体基本不可压缩和压力均匀传递的原理传递动力，使机具提升、降落并自动控制耕作深度或离地高度。液压系统主要由油箱、油泵、分配器和油缸等组成。

（2）悬挂机构

悬挂机构的功用是连接各种机具，传送拖拉机对机具的升降力和牵引力，并保证机具在作业和运输时都处于正确位置。拖拉机悬挂方式有前悬挂、轴间悬挂和后悬挂。目前，农机机具多采用后悬挂。悬挂机构与拖拉机的连接又分三点悬挂和两点悬挂。

6. 电气设备

电气设备由蓄电源、发电机、调节器、电启动系统和照明等组成。

三、拖拉机的使用

1. 启动

在启动发动机之前，驾驶员必须坐在驾驶座位上。许多拖拉机有需要将变速操纵手柄置于空挡位置，或将离合器踏板踏到底才能启动发动机的安全装置。有些拖拉机在驾驶员的座位下安装有启动安全开关，只有当一定的质量压在座位上时才能打开启动安全开关，启动发动机。但较老型号的拖拉机没有上述这些启动安全装置，在启动发动机时应格外注意是否将变速箱手柄置于空挡位置和分离离合器。启动发动机应按如下步骤进行：

（1）柴油发动机拖拉机的启动

①确认变速操纵手柄置于空挡位置，完全踏下离合器踏板，切断发动机与主传动系统、动力输出传动系统的连接，使启动载荷可以小一些，更利于发动机启动。如果拖拉机具有离合器安全启动装置，则必须将离合器踏板踏到底、完全分离后点火，启动开关才能起作用并启动发动机。对那些无级变速液力传动系统的拖拉机，变速操纵手柄则必须置于空挡位置才能启动发动机，否则点火启动开关不工作。

②将节气门（油门）开度置于 1/2 或 3/4。对有涡轮增压装置的柴油机发动机的冷机启动，在最初 2 min 内节气门开度不应超过 1/2，使发动机有足够的时间预热。

③停车控制手柄置于"运转"位置。

④转动点火启动开关到"工作"位置。

⑤接通启动机电源，启动发动机。通常接通启动机电源是在点火启动开关进一步转动的位置。如果在 10 s 内还没有将发动机启动，松开启动机电源接通开关，让启动机有一个

几秒钟的停歇后再行启动。如果长时间让启动机运转，会毁坏蓄电池和启动机。

⑥对那些具有冷机启动辅助装置的拖拉机，应在启动前接通预热插头进行约 10 s 的预热。有些是预热进入每个气缸的空气，有些是在进气管处预热空气。

（2）汽油发动机拖拉机的启动

①冷机启动时，应先关闭阻风门。

②转动点火启动开关到"工作"和"启动"位置，启动发动机。但应注意启动机连续运转不应超过数秒钟，如果一次启动发动机没有成功，应在下一次启动发动机之前有一个间歇。

③发动机启动以后，应短时运转后再将阻风门置于正常工作位置。

④用手拉绳式启动器启动小型发动机冷机时，应关闭阻风门和将点火开关置于"开"的位置，并确认燃油供给阀在"接通"的位置。

2. 停止发动机

停止柴油发动机是通过拉动停止控制手柄切断供油实现的。有些通过点火启动开关控制一个电磁开关动作而切断向发动机供油。对于具有涡轮增压装置的柴油发动机，在停止发动机前应让发动机空转数分钟，待涡轮增压器冷却后再停机。柴油发动机停机后，在离开拖拉机之前，拉紧手制动，将变速操纵手柄置于空挡位置。

停止汽油发动机是通过点火启动开关置于"停"的位置，切断点火系统的电源使火花塞不再放电跳火而实现的。

3. 在道路上行驶

除严格遵守交通法规外，还应注意以下几点：

①确保制动装置状态良好，工作可靠。对那些具有独立制动踏板的拖拉机，应检查踏板锁片是否将左、右制动踏板锁紧。

②转向灵活，轮胎状况良好，各种灯工作正常。

③反光镜应能使驾驶员清晰地观察到车后的交通状况，尤其牵引拖车时更应注意。

④在挂接超长和超宽的机具时，应在机具的宽度和长度方向有明显的标记。

⑤对有驾驶室的拖拉机，驾驶室的挡风玻璃应保持干净，雨刷器工作状态良好。

⑥不允许 13 岁以下的儿童乘坐在拖拉机上。

⑦任何人不允许乘坐在拖拉机的牵引杆或悬挂装置上。

⑧在驾驶过程中，除非紧急情况，驾驶员不允许离开驾驶座位。

⑨在牵引机具或拖车时，必须保证连接牵引杆与机具的连接销安装可靠。

⑩所有不使用的杆必须牢固地固定在拖拉机上或从拖拉机卸下存放起来。

4. 田间安全作业

①在坡地作业时应特别注意。在下坡前应换到低挡，在下坡过程中除非拖拉机停止，否则不允许换挡，更不允许变速操纵手柄挂到空挡位置。

②在确定行驶的路线上无人后再前进、后退、放落机具或结合动力输出。

③拖拉机应距排水沟一定的距离行驶、作业。

④保持拖拉机总是以一个安全的速度行驶。

5. 安全停放

作业以后，停放拖拉机时，拉紧制动手柄，置变速操纵手柄于空挡位置，拔下点火启动开关上的钥匙。在离开拖拉机之前，放下所挂接的机具或将装载物卸到地面上。

6. 安全挂接机具

①当用拖拉机三点悬挂装置挂接一台机具时，应直接缓慢地倒向机具。

②挂接时，不可站在拖拉机和机具之间，应从侧面进行机具挂接操作。用拖拉机三点悬挂装置挂接机具时的操作顺序应按"先左、后右、再上"的原则进行。

③千万不要用手指去测试拖拉机悬挂装置的上拉杆的销孔是否与机具的销孔对齐。

④注意不要猛拉摆动的牵引杆，这会钳断连接牵引杆与机具的牵引销而造成事故。

⑤不要用拖拉机悬挂装置的上拉杆牵引机具，因为在拖拉机倒车时上拉杆不起作用。最安全的方式是使用牵引杆牵引机具。

本章小结

本章主要介绍草坪机械中常用的动力机械——电动机、柴油机、汽油机的概念、分类、基本结构和工作原理，并对内燃机的使用，拖拉机的分类、构造和功用、拖拉机的使用做了简要介绍。通过本章内容的学习，重点掌握三相异步电动机和柴油机、汽油机的工作原理。

思考题

1. 电动机分为哪些类型？
2. 内燃机有哪些类型？
3. 内燃机的使用过程中应注意哪些问题？
4. 简述四冲程柴油机的工作过程。
5. 使用拖拉机时应注意哪些问题？

第三章

草坪地耕整机械

第一节 概 述

草坪地耕整是草坪种植的重要环节。耕整机械是对草坪土壤进行机械处理使之适合草坪草生长的机械。耕整的目的：改善土壤结构，使草根层的土壤适度松碎，并形成良好的团粒结构，以便吸收和保持适量的水分和空气，促进种子发芽和根系生长；将杂草覆盖于土中，消灭杂草和害虫；将作物残茬及肥料、农药等混合在土壤内以增加其效用；将地表弄平或做成某种形状（如开沟、作畦和起垄等），以利于种植、灌、排水或减少土壤侵蚀；将过于疏松的土壤压实到疏密适度，以保持土壤水分，且有利于根系发育；改良土壤，将质地不同的土壤彼此易位，如将含盐碱较重的上层移到下层，使上、中、下三层中的一层或二层易位以改良土质；清除田间的石块、灌木根或其他杂物。

一、草坪地耕整作业的技术要求

耕整是对草坪地土壤进行机械处理加工，使之适合草坪草生长的作业过程，为保证土壤耕整后的质量，耕整作业时应满足以下技术要求。

①应有良好的翻土和覆盖性能，能翻动土层、地表残茬、杂草和肥料，并能充分覆盖，耕作后地表应平整。

②应有良好的碎土性能，耕后土层应松碎，尽可能满足耕后直接播种的要求。

③耕深应均匀一致，沟底平整。

④不重耕，不偏耕，地边要整齐，垄沟尽量少而小。

⑤能满足畦作的要求，以利于排水。

二、草坪地耕整的方法

草坪地耕整的方法与土壤类型、草坪种类、环境条件直接相关。

1. 犁耕

犁耕是用犁将土壤翻转或进行深松土的作业，是大多数耕作的首要作业。因此，这一作业又称基本耕作或初次耕作。

2. 整地

整地又称耙地，由于翻耕后的土壤往往不够平整，而且土块较大，整地的作用就在于破碎表土的土块，平整地面，破除板结，疏松表土。

3. 中耕

中耕是指草坪生长期间疏松表土的作业，其作用主要是破除板结，增加水的入渗率，改善土壤通气性,清除杂草,调节土温,减少土壤水分蒸发等。

4. 土壤镇压

土壤镇压是对土壤进行的一种机械加工,通过镇压压碎、压实土壤,增强毛细管作用,具有保持地表湿润的作用。镇压作业可在播种前或播种后进行。

5. 深松耕作

深松耕作是在不翻转土层的情况下,用深松机具对犁底层和心土层进行深松,调整耕层以下的土壤状况,为草坪生长创造比较适宜的土壤条件。

三、草坪地耕整机械的分类

草坪地耕整机械种类很多,根据作业特点和使用范围的不同有耕地、整地、作畦、起垄、中耕、除草、松土、镇压等各种作业所用的机械。按作业顺序可分为耕作机械和整地机械。按耕作的原理可分为铧式犁、圆盘犁、圆盘耙、旋耕机、深松机、松土平地镇压机械和开沟作垄机械。按与主机的挂接方式可分为牵引式机械、悬挂式机械和半悬挂式机械。按用途可分为旱地机械、水田机械和山地机械。

第二节 铧式犁

犁是以翻土为主要功能,并有松土、碎土作用的土壤耕作机械。使用犁对草地进行翻耕,将肥力低的上层土壤翻到下层,将下层的良好土壤翻到上层,使其破碎、熟化,将地表的残茬、秸秆、杂草、肥料及病菌、虫卵等翻埋入土,从而促使土壤有机质分解,提高土壤肥力和蓄水能力,疏松土质,改善土壤结构,以利于草坪草生长。铧式犁是以犁铧和犁壁为主要工作部件进行耕翻土壤和碎土作业的一种犁。长期以来耕地所用的主要工具就是铧式犁,铧式犁是世界上历史最早、数量最多、使用最广泛的耕地机械,每年消耗用的能量也比其他任何作业机械多。

一、铧式犁作业的技术要求

因各地区自然条件、草坪草和土壤类型不同,铧式犁作业的技术要求也各异,但均需满足耕深均匀一致、翻垡完全、土粒细碎、不漏耕和重耕、沟底地表平整的要求。

1. 耕深

耕深因地制宜,通常北方旱地耕深 16~30 cm,华北、西北较浅,东北较深,盐碱地耕深 16~18 cm。初改机耕地区的耕层要浅些,为 10~15 cm;常年机耕地区的耕层较深,如东北地区可达 30 cm。一般秋耕、冬耕宜深,春耕、夏耕宜浅。熟土深耕作业,旱地为 27~40 cm。深耕改土根据不同地区耕深可达 70 cm,甚至 1 m 以上。耕深要求均匀一致,一般要求牵引铧式犁的耕深变异系数不大于 5%,半悬挂犁不大于 7%,悬挂犁不大于 10%。耕后要求沟底地表平整,垄沟小。

2. 覆盖

覆盖是指翻耕作业的土垡翻转对植被的覆盖性能,因作业技术要求而异。不同类型和耕宽的犁体曲面其翻垡、覆盖性能也不同。犁体幅宽大于 30 cm,地表以下植被覆盖率不低于 85%,8 cm 深度以下(旱田犁)植被覆盖率不低于 60%;犁体幅宽不超过 30 cm,地表以下植被覆盖率不低于80%，8 cm深度以下(旱田犁)植被覆盖率不低于50%。西方型犁(滚翻型犁)犁体好，东方型犁(窜垡型)犁体差，通用型犁体居中。

3. 碎土

旱地耕作要在适耕条件下进行，使耕后土壤松碎，利于植物根系发育，改善土壤理化性质，也便于进一步平整土地。一般要求：在沙质土壤耕层内，小于5 cm的土块应不少于90%；中等土壤内应不少于75%；黏重土壤内应不少于60%。对于熟土深耕犁，小于10 cm的土块通常不少于60%。

二、铧式犁的分类

铧式犁的种类很多，可分成若干不同的体系，铧式犁的分类体系如图3-1所示。

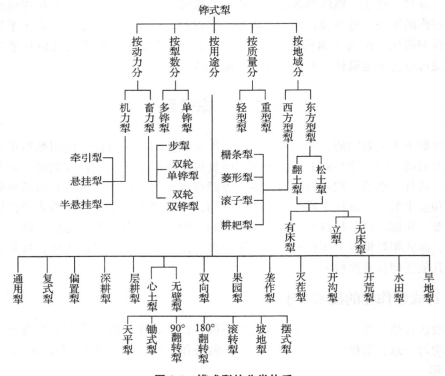

图 3-1　铧式犁的分类体系

1. 按动力分类

①机力犁：指和拖拉机配套的犁。按与拖拉机挂接方式可分为牵引犁(含绳索牵引犁)、悬挂犁和半悬挂犁。牵引犁主要与履带拖拉机和大功率四轮拖拉机配套；悬挂犁主要与中小型拖拉机配套；半悬挂犁主要与大功率拖拉机配套。

②畜力犁：指以牛、马等畜力为牵引动力的犁，如步犁、双轮单铧犁、双轮双铧犁等。

2. 按用途分类

①通用犁：用于熟地、熟荒地和水田、旱地的耕作。

②复式犁：在犁体前面装有小前犁。耕地时，小前犁首先把垡块左上方的一部分表层土壤翻到沟中，接着主犁将其余部分翻转，把上层土壤和杂草全部埋入地下，并把下层土

壤翻到表层。

③偏置犁：铧式犁耕地时，在拖拉机牵引力不是很大时，犁的工作幅宽往往小于拖拉机的轮距宽度。这样在靠近田埂、围墙、沟渠耕作时，总耕不到边，留下一条 30~50 cm 宽的未耕地带，造成播种面积损失。偏置犁犁体可以相对于拖拉机偏向未耕地的一侧，可耕翻紧靠田埂、围墙、篱笆等处的土壤。

④深耕犁：是用于旱地深耕 20~25 cm 和水田深耕 15~20 cm 的各种犁的总称。

⑤层耕犁：是深松铲和铧式犁的一种组合。铧式犁在正常耕深范围内翻土，而深松铲则将下面的土层松动，达到上翻下松、不乱土层的深耕要求。

⑥双向犁：又称翻转犁、两翻犁、山地犁。双向犁耕翻时，可以改变犁体的左右翻土方向，往复耕作时，能使土垡向一侧翻转，以达到减少和消除垄沟的目的。双向犁主要用于耕斜坡地，也适用于耕作灌溉地、小块地或形状不规则的地。

此外，还有用于开荒、森林、果园和沼泽灌木地耕作的特种犁，如开荒犁、果园犁、水田犁等。

3. 按质量分类

①轻型犁：只能松土，不能耕翻，适合在轻质和中等土壤及地表残茬较少的轻质土壤耕作。

②重型犁：一般适合在地表残茬较多的黏重土壤耕作，多用于北方旱田犁地。耕幅为 30~35 cm，耕深 18~30 cm。

三、铧式犁的构造与工作原理

1. 铧式犁的构造

铧式犁的主要部件有主犁体、小前犁、犁刀和深松铲，辅助部件有犁架、挂接装置和安全装置等。

（1）主要部件

①主犁体：如图 3-2 所示，主犁体一般由犁铧、犁壁、犁侧板、犁柱及犁托等组成。

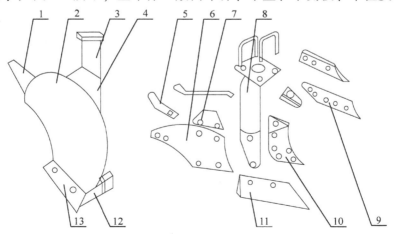

图 3-2 主犁体示意图

1、5. 延长板　2、6. 犁壁　3、8. 犁柱　4、7. 滑草板
9、12. 犁侧板　10. 犁托　11、13. 犁铧

犁铧、犁壁、犁托等部件组成一个整体，通过犁柱安装在犁架上。主犁体的功用是切土、破碎和翻转土壤，达到覆盖杂草、残茬和疏松土壤的目的。

a. 犁铧：主要起入土、切土作用。如图 3-3 所示，常用的犁铧有凿形、梯形和三角形三种。凿形犁铧分为铧尖、铧翼、铧刃、铧面等部分。铧尖呈凿形。工作时，铧尖首先入土，然后铧刃水平切土，土垡沿铧面上升到犁壁。凿形犁铧入土较容易，工作较稳定，因而可用于较黏重土壤。梯形犁铧铧刃为一直线，整个外形呈梯形。与凿形犁铧相比，入土性较差，铧尖易磨损，但结构简单、制造较容易。三角形犁铧一般呈等腰三角形，有两个对称的铧刃，这种犁铧的缺点是耕后沟底面容易呈波浪状，沟底不平。

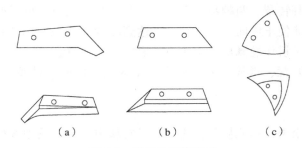

图 3-3 常用的犁铧形式
(a)凿形犁铧 (b)梯形犁铧 (c)三角形犁铧

犁铧是犁体上承受载荷最大的部件，又是磨损最严重的消耗件。因此，犁铧的材料一般采用坚硬、耐磨、具有较高强度和韧性的钢材，刃口部分须经热处理。

b. 犁壁：与犁铧一起构成犁体曲面，将犁铧移来的土壤加以破碎和翻转。犁壁有整体式、组合式和栅条式。犁壁的前部称为犁胸，后部称为犁翼，这两部分的不同形状可使犁壁达到滚、碎、翻、窜等不同的碎土翻垡效果，满足农艺的不同要求。犁壁在耕作中受到土壤压力，并与土壤产生相对摩擦作用，因此常用耐磨性好的钢材制造，并对犁壁表面进行硬化处理。

c. 犁侧板：位于犁铧的后上方，耕地时紧贴沟壁，主要起稳定耕深、耕宽的作用，承受并平衡耕作时产生的侧向力和部分垂直压力。最常用的是平板式犁侧板。犁侧板的后端始终与沟底接触，极易磨损。犁侧板一般用耐磨性好、强度高的材料经热处理制成。

d. 犁柱：用来将犁体固定在犁架上，并将动力由犁架传给犁体，带动犁体工作。犁柱的形式有空心圆或椭圆直犁柱、实心扁钢弯犁柱。犁柱一般用球墨铸铁或铸钢制成。

e. 犁托：是犁体的连接及支承件，犁铧、犁壁、犁侧板、犁柱通过犁托连成一体。犁托起承托和传力作用，增强犁铧和犁壁的强度和刚度。犁托的曲面应同犁铧和犁壁的背面密切贴合，其支承的范围不宜过小，犁托下部和犁铧固定螺栓应高于犁体基面，工作时不应触及沟底。犁托的制造精度包括曲面形状和孔位精度，直接关系到犁体曲面的安装位置，影响犁体的参数和耕作质量。犁托常用钢板冲压制成，也可用铸钢或球墨铸铁铸造。

②小前犁：位于主犁体左前方，将土垡上层部分土壤、杂草耕起，并先于主犁片的翻转落入沟底，从而改善主犁体的翻垡覆盖质量。在杂草少、土壤较松的熟地耕作时，可以不用小前犁。如图 3-4 所示，小前犁主要有铧式、切角式和圆盘式三种。铧式小前犁与主犁体的构造相似，犁柱和犁托常作为一体，无犁侧板，使犁壁后面留出的空间为主犁体翻垡创造有利条件。铧式小前犁固定在犁架上，其耕宽约为主犁体的 2/3，耕深约为主犁体

的 1/2。切角式小前犁切去主垡片的一个角，其断面呈三角形，常和圆盘犁刀装在共同的支架上。圆盘式小前犁为一球面圆盘，凹面向前，圆盘周边磨刃。工作时，圆盘切土翻土，同时能被动旋转，因此阻力小，不易黏土缠草。它在切去本行扇形断面土垡的同时，还切去未耕地扇形断面土垡，使沟壁形成圆弧形缺口，避免了沟壁塌落、沟底不清的现象。但圆盘式小前犁结构复杂，造价较高，故很少采用。

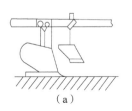 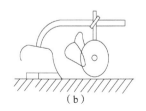 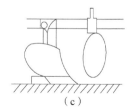

图 3-4 小前犁的三种形式
(a)铧式 (b)切角式 (c)圆盘式

③犁刀：装在主犁体和小前犁的前方。它的功用是沿垂直方向切开土壤，减少主犁体的切土阻力和磨损，防止犁沟墙塌落，使主犁体耕起的土垡整齐，耕翻后犁沟清晰，有利于提高耕地质量。如图 3-5 所示，犁刀有圆犁刀和直犁刀两种。圆犁刀切土阻力小，不易挂草和堵塞，应用较广。直犁刀切土阻力较大，适用于特种犁。熟地耕作仅在最后一个主犁体前安装圆犁刀，荒地耕作时可在每个主犁体前安装圆犁刀。

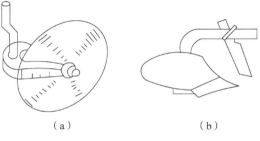

图 3-5 犁刀类型
(a)圆犁刀 (b)直犁刀

④深松铲：又称心土铲或深耕铲。它的功用是熟化耕作层下面的土壤，疏松耕作层以下 5~15 cm 的心土，而不翻动土层。深松铲主要有单翼铲和双翼铲两种。单翼铲的结构与犁铧相似，凿部加大加强，以适应心土层坚硬的特点。单翼铲的侧向阻力不能自己平衡，要依靠主犁体的犁侧板。双翼铲为对称型，左右两翼侧向力相互平衡，有利于机组平衡。深松铲通常配置在主犁体后面，深入主犁体基面之下。在悬挂犁上，深松铲可直接固定在犁柱上，铲柱上有调整螺孔以调节松土深度。在牵引犁上，深松铲用平行四杆机构铰固在犁架上。起犁时，连杆带动深松铲升起；落犁时，深松铲比主犁体后入土，以免铲尖受冲击而折断。深松铲的宽度约为主犁体宽度的 0.8 倍，其制造材料和工艺要求和犁铲相仿。

(2) 辅助部件

①犁架：是犁的主要骨架，犁体、悬挂装置或牵引装置等都以犁架为基体进行安装。同时犁架又是一个传力件，它将牵引装置或悬挂装置传递来的拖拉机牵引动力分配到各个犁体上。犁架按结构可分为平面犁架和弯犁架两大类。如图 3-6 所示，犁架按几何形状分为平行框犁架、梯形犁架、三角形犁架和独梁犁架等。

②挂接装置：是犁和拖拉机挂接在一起的连接装置，使犁和拖拉机组成犁耕机组。挂接装置除传递牵引动力外，还要起调整机组特性、保证机组工作质量的作用。挂接装置在牵引犁上称为牵引装置，在悬挂犁和半悬挂犁上称为悬挂装置。

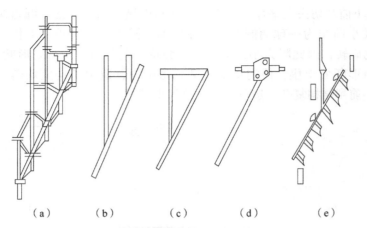

图 3-6 犁架类型
(a)平行框犁架 (b)梯形犁架 (c)三角形犁架
(d)独梁犁架(悬挂式) (e)独犁梁架(牵引式)

③安全装置：是当犁碰到障碍物时，为防止犁损坏而设置的超载保护装置。安全装置有整体式和单体式两类。整体式装在整台犁的牵引装置上，而单体式则装在每个主犁体上。

a. 摩擦销式安全装置：如图 3-7 所示，当障碍物的阻力与工作阻力之和大于销的剪应力及纵拉板与挂钩间的摩擦力时，销被剪断，犁与拖拉机脱开。这种装置是牵引犁上广泛采用的一种整体性安全装置，结构简单，工作可靠。

b. 单体式犁体安全装置：如图 3-8 所示，常用的单体式犁体安全装置有销钉式、弹簧式和液压式三种。销钉式安全装置的作用原理是当犁体碰到障碍物引起异常载荷时，销钉被剪断，起到保护作用，但销钉被剪断后必须停车才能更换。弹簧式与液压式安全装置的作用原理相同，犁体在障碍的异常载荷作用下会克服弹簧或液压油缸的力而升起，越过障碍后，自动复位，不需停车即可连续工作，工作效率高，但结构复杂。

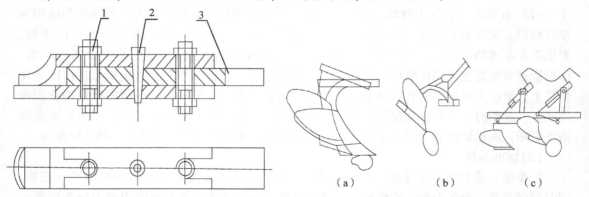

图 3-7 摩擦销式安全装置示意图
1.连接螺栓 2.销 3.纵拉板

图 3-8 单体式犁体安全装置示意图
(a)销钉式 (b)弹簧式 (c)液压式

2. 工作原理

铧式犁的犁铧与犁壁共同构成犁体曲面。犁体曲面由铧刃线、胫刃线、接缝线、顶边线和翼边线组成。铧式犁工作时，铧刃线在水平面开出沟底，胫刃线在沿前进方向上铅垂面内开出沟墙，形成矩形断面土垡条，土垡沿犁壁破碎翻转，地表的残茬和杂草覆盖到下面。

四、常见的几种铧式犁

1. 主要结构

如图3-9所示，牵引铧式犁与拖拉机间单点挂接。牵引铧式犁由牵引装置、犁架、主犁体、升降机构（机械式或液压式）、耕深调节机构、水平调节机构、犁轮、尾轮机构等部件组成。牵引铧式犁结构复杂，质量大，机动性差，但工作深度稳定，入土性能好，多与大马力拖拉机配套。

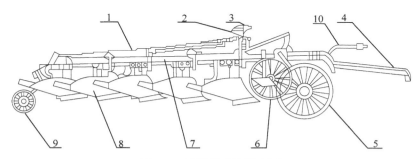

图3-9 牵引铧式犁示意图
1. 尾轮拉杆 2. 耕深调节机构 3. 水平调节机构 4. 牵引装置
5. 沟轮 6. 地轮 7. 犁架 8. 主犁体 9. 尾轮机构 10. 升降机构

（1）牵引装置

如图3-10所示，牵引装置由纵拉杆、横杆、斜拉杆、拉环及安全器等组成。纵拉杆、横杆和斜拉杆用螺栓连接组成一个三角钢架，前端通过拉环和拖拉机牵引挂钩连接，这种单点连接有一定间隙存在，从而保证了犁相对于拖拉机有绕三个空间坐标轴转动的自由度，在一定范围内，单点连接可作为球铰结构处理。横杆固定在犁梁上的高度，可借助于变更犁梁端部的不同孔位来实现。横杆上的孔位是为变更纵拉杆和斜拉杆的连接位置而设置的。不同孔位的连接形成不同的三角钢架，从而改变犁的牵引点位置。牵引装置的调节

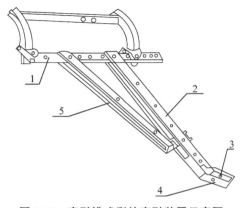

图3-10 牵引铧式犁的牵引装置示意图
1. 横杆 2. 纵拉杆 3. 安全器 4. 拉环 5. 斜拉杆

范围应满足牵引铧式犁机组的调整要求，以保证机组具有良好的作业性能。

(2) 犁架

如图 3-11 所示，犁架是由纵梁、副梁、横梁和加强梁组成的钢架。纵梁用来固定主犁体、小前犁、犁刀等工作部件。第一纵梁、第三纵梁的前端向下弯曲并有连接孔，用于连接牵引装置。横梁安装在各纵梁之间，使纵梁间保持相等距离。加强梁用 U 形卡和犁柱一起固定在纵梁上，用于加强横梁，防止纵梁变形，保持各纵梁在同一平面上。

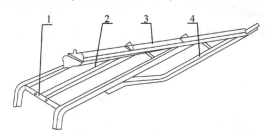

图 3-11　牵引铧式犁的犁架示意图
1. 纵梁　2. 加强梁　3. 横梁　4. 副梁

(3) 犁轮

牵引铧式犁上装有地轮、沟轮和尾轮以支撑犁的质量。地轮轮缘上装有轮爪，它配合升降机构实现犁的升降和耕深调节。沟轮配合水平调节机构以保持犁架水平。尾轮在工作中与地轮、沟轮相配合，实现犁的起落，并承担一部分沟墙的反作用力。

(4) 升降机构和耕深调节机构

牵引铧式犁工作时，经常从运输状态变为工作状态，或从工作状态变为运输状态，还需要进行耕深调节和水平调节，因此，牵引铧式犁上设有升降机构和耕深调节机构。升降机构的作用是在地头起犁和落犁。耕深调节机构是通过改变地轮的高低位置来调节耕深。地轮底面到主犁体底面之间的垂直距离为耕深。升降机构和耕深调节机构有液压式和机械式两种。耕地时，借助液压或机械机构来控制地轮相对主犁体的高度，从而达到控制耕深及水平的目的。

①液压式升降机构和耕深调节机构：如图 3-12 所示，液压式升降机构由油缸推臂、活塞杆、油管和油缸支座等部件构成。油缸支座固定在犁梁上，焊在地轮轴上的油缸推臂与活塞杆铰接，在活塞杆上装有卡箍，油缸前端装有定位阀。油缸通过油管与拖拉机的分配器相连接，升犁时将分配器手柄置于"提升"位置，油缸进油，活塞杆向上移动，推动油缸推臂，使地轮弯臂逆时针方向转动，带动地轮向下摆动，犁架相对于地面上抬。

通过联动机构，沟轮和尾轮也向下摆动，将犁升起。当犁达到最大提升高度时，分配器将自动回到"中立"位置。落犁时，将分配器手柄置于"浮动"位置，打开油缸下腔油路，犁靠自重下降。当卡箍推动定位阀，油路封死，使犁保持在预定耕深位置。当犁升起需要长途运输时，应将犁梁上的卡铁顶住油缸推臂，并用螺钉锁紧，以保证运输安全。

耕深调节是通过在活塞杆上移动卡箍的位置来控制地轮的位置完成；将卡箍靠近缸体，活塞行程变短，犁体的下降程度减小，耕深变浅；反之，耕深变大。

②机械式升降机构和耕深调节机构：如图 3-13 所示，机械式升降机构由自动离合器、推杆、地轮弯臂和犁架等组成。自动离合器由棘轮、双口盘、月牙板、卡铁、滚柱等组

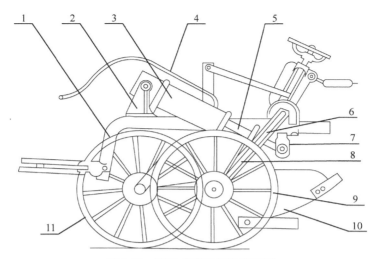

图 3-12　液压式升降机构示意图

1. 犁梁　2. 油缸支座　3. 油缸　4. 油管　5. 活塞杆　6. 定位卡箍
7. 油缸推壁　8. 地轮弯壁　9. 地轮　10. 犁体　11. 沟轮

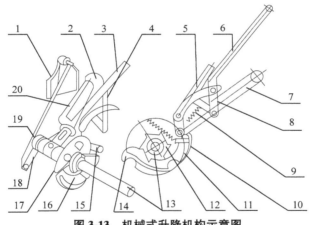

图 3-13　机械式升降机构示意图

1. 犁架　2、7. 地轮弯臂　3、6. 操纵手柄　4. 手柄下端　5. 滚柱推杆　8. 手柄下端　9、20. 弹簧
10. 卡铁　11. 弹簧　12. 棘轮　13. 地轮轴　14、16. 月牙板　15. 滚柱　17. 双口盘　18. 曲柄　19. 推杆

成。起犁时，推动操纵手柄，使滚柱脱离双口盘的缺口，在弹簧作用下，卡铁卡入棘轮齿，而棘轮是与地轮固定连接的，随着地轮的转动，棘轮将动力通过卡铁、月牙板传给双口盘，于是双口盘、地轮半轴及曲柄同时转动，推动推杆将犁架顶起，犁体出土。当双口盘转过半周时，滚柱在弹簧作用下，进入双口盘另一个缺口内，卡铁即与棘轮分开而切断动力，犁处于运输状态。落犁时，同样推动操纵手柄，使滚柱从双口盘脱出，犁靠自重下落，推杆推动曲柄并带动双口盘回转半周，滚柱又重新进入双口盘另一缺口。此时滚柱压迫月牙板，克服弹簧拉力，使卡铁与棘轮脱开，犁进入工作位置。

机械式耕深调节机构如图 3-14 所示，顺时针转动调节手轮，则调节丝杆缩短，带动转臂向前摆动，迫使地轮弯臂向下摆，犁架上抬，耕深变浅。反之，则调节丝杆伸长，在犁的自重作用下，犁架下降，耕深增加。

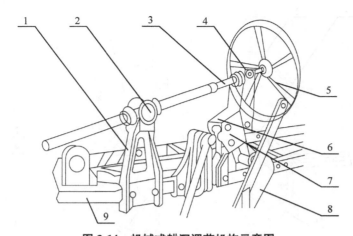

图 3-14　机械式耕深调节机构示意图
1. 托架　2. 螺母　3. 调节丝杆　4. 转臂　5. 调节手轮
6. 挡板　7. 护板　8. 地轮弯臂　9. 犁架

(5)水平调节机构和尾轮机构

①水平调节机构：如图 3-15 所示，水平调节机构可以单独调节沟轮的高低，以保持犁架水平，使犁体耕深一致。耕深调节后，为保持前后犁体耕深一致，通过转动水平调节手轮，使螺母沿着丝杆上下移动，推杆推动沟轮转臂运动。犁的沟轮即相对于犁架上下摆动，实现犁架的水平调整。

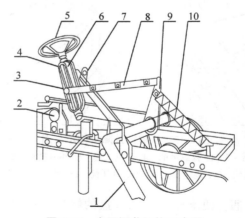

图 3-15　水平调节机构示意图
1. 沟轮弯臂轴　2. 地轮弯臂轴　3. 螺母　4. 水平调节框　5. 水平调节手轮
6. 丝杆　7. 摇臂　8. 推杆　9. 沟轮转臂　10. 弹簧

②尾轮机构：如图 3-16 所示，尾轮机构的作用是配合地轮、沟轮起犁和落犁，并且保持犁架前后水平，前后犁体耕深一致。它由水平调节螺栓、转向支臂、起落臂、尾轮轴架等组成。

尾轮机构通过尾轮柔性拉杆与地轮弯臂轴连接。起犁时，地轮弯臂轴上的转臂通过柔性拉杆拉动尾轮上的起落臂，使尾轮轴转动，犁架尾部升起。犁耕时，柔性拉杆呈松弛状态。耕到地头起犁时，前面的犁体先出土，等到尾轮柔性拉杆张紧后，地轮、尾轮连接机构才起作用,使后面的犁体逐渐起出。这样可使地头整齐,减少升犁阻力。尾轮柔性拉杆长度可以调节,但不能过长和过短。如过长,起犁时后犁体升不起来;如过短,落犁时后犁体落不下去。尾轮在工作中有支持和平衡侧压力的作用,并能减轻犁体的磨损和减小牵引阻力。犁在工作状态时,尾轮轴架被垂直调节螺栓顶住,使套在尾轮轴架内的尾轮轴不能绕尾轮轴的轴逆时针回转,从而使尾轮的高低位置固定。同时,水平调节螺栓通过转向环顶在侧定板上,限制了尾轮向右摆动,使尾轮紧靠沟壁前进,以减轻犁底和犁侧板对土壤的摩擦力。

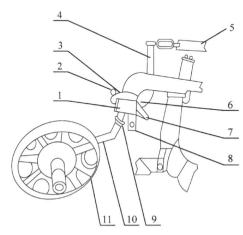

图 3-16 尾轮机构示意图

1. 侧定板 2. 水平调节螺栓 3. 转向支臂 4. 起落臂 5. 柔性拉杆 6. 起落臂滚轮销轴 7. 尾轮垂直调节螺栓 8. 尾轮架轴 9. 尾轮轴架 10. 尾轮轴 11. 尾轮

2. 工作原理

牵引铧式犁通过牵引装置单点挂接在拖拉机牵引板上。这种单点挂接方式的约束性质犹如球铰链,拖拉机对犁只起牵引作用。犁本身由三个犁轮支持,在耕地时,沟轮和尾轮走在沟底,地轮走在未耕地上。通过耕深调节机构调整地轮的位置,可改变犁的耕深。当三个犁轮一起相对犁架向下运动,犁架和犁体即被抬起,犁呈运输状态。犁从工作状态转换到运输状态,可借助机械式升降机构或拖拉机液压系统,推动犁上的分置油缸带动地轮、沟轮弯臂摆动而实现。犁的水平调节机构的作用是调整沟轮的位置,使工作状态时的犁架能保持水平,以保持各犁体耕深一致。

五、悬挂铧式犁

1. 主要结构

悬挂铧式犁通过悬挂装置与拖拉机三点悬挂机构连接,靠拖拉机的液压升降机构起落,运输时,拖拉机的液压悬挂机构将整台犁升起,犁的全部质量由拖拉机承受。如图 3-17 所示,悬挂铧式犁由主犁体、圆犁刀、犁架、悬挂装置和限深轮等组成。其结构紧凑、质量轻、机动性强,可在较小地块上作业,但入土性能不如牵引铧式犁,多与中小马力拖拉机配套。

(1) 主犁体、小前犁和圆犁刀

主犁体是悬挂铧式犁的主要工作部件。圆犁刀的作用是协助犁体切出侧面沟壁。小前犁

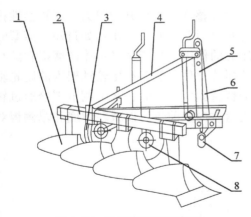

图 3-17 悬挂铧式犁示意图
1. 主犁体 2. 犁架 3. 圆犁刀 4. 中央支杆
5. 右支架 6. 左支杆 7. 悬挂架 8. 限深轮

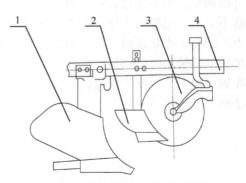

图 3-18 悬挂铧式犁结构示意图
1. 主犁体 2. 小前犁 3. 圆犁刀 4. 犁架

将表层右前方的表土层和残茬杂草翻至沟底，提高覆盖性能。如图 3-18 所示，主犁体、圆犁刀和小前犁一起完成对土壤的切割和翻转工作。有些犁为了结构紧凑，没有圆犁刀和小前犁。

（2）犁架

悬挂铧式犁的犁架用于固定和连接犁的各主要部件和辅助部件，并传递牵引力。悬挂铧式犁的犁架一般由主梁、横梁和纵梁组成。主梁用于安装主犁体，横梁起支撑作用，纵梁用于安装悬挂架及限深轮等。悬挂铧式犁犁架普遍采用矩形薄壁钢管焊合的梯形或三角形整体式平面犁架。

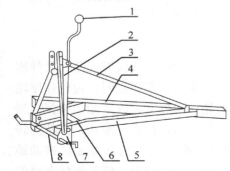

图 3-19 犁架和悬挂装置示意图
1. 悬挂轴调节丝杆 2. 支板 3. 斜撑杆
4. 主梁 5. 纵梁 6. 横梁
7. 牵引板 8. 悬挂轴

（3）悬挂装置

如图 3-19 所示，悬挂装置是悬挂铧式犁与拖拉机悬挂机构的连接装置，由悬挂架和悬挂轴组成。悬挂装置以三个悬挂点和拖拉机上、下及中央拉杆相连接，它除了保证犁的悬挂参数外，还起到传递拖拉机牵引力的作用。

①悬挂架：是为配置上悬挂点而设置的，由两根支板和一根斜撑杆组成的空间结构。支板的上端设有上、中、下三个挂接孔，为上悬挂点，用来和拖拉机的上拉杆相连接。上悬挂点的位置可以根据耕作需要确定。两根支板的下端分别固定在犁架的纵梁上。

②悬挂轴：有直轴式和曲拐式两种，如图 3-20 所示，曲拐式又有单拐式和双拐式之分。悬挂轴安装在支板的下方，通过固定在纵梁上的牵引板与犁架相连接，两个下悬挂点（即悬挂轴的两端）分别与拖拉机的两根下拉杆相连接。当犁由于偏牵引形成重耕或漏耕时，可转动悬挂轴使两个下悬挂点做前后相对移动，或使悬挂轴在牵引板的孔中左右移动来调整，以保持耕幅的稳定。

（4）限深轮

限深轮用于限制和调节耕深，并保持犁的工作稳定。限深轮安装在犁架左侧纵梁上。安装位置与悬挂铧式犁的犁体数目有关。为了保持悬挂铧式犁稳定耕作，一般将限深轮安装在第二个犁和第三个犁之间。限深轮主要由犁轮、轮轴、支架和调节丝杆等组成。如图 3-21 所示，限深轮有开式和闭式两种。开式限深轮由轮圈与辐板等组成，其构成的悬挂铧式犁与轮式拖拉机配套，多用于土壤干燥的地区。闭式限深轮即用钢板制成密封式轮子，可防止泥土黏附于轮盘内，适应于较黏重的土壤，其构成的悬挂铧式犁与履带拖拉机配套，使用广泛。

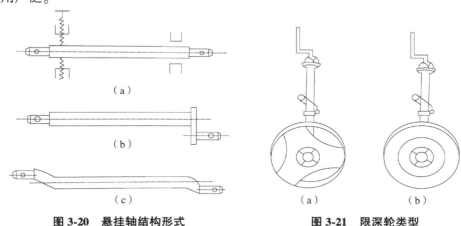

图 3-20　悬挂轴结构形式
(a)直轴式　(b)单拐式　(c)双拐式

图 3-21　限深轮类型
(a)开式　(b)闭式

犁耕作时，通过转动限深轮的手柄，使限深轮升降，从而改变犁的耕深；犁停放时，可将限深轮摇至犁体支持面上以支撑犁架，并便于犁的挂接。在没有限深轮的悬挂铧式犁上，可安装一根撑杆，停放时落下撑杆，就可以起稳定犁架的作用。

2. 工作过程

悬挂铧式犁通过悬挂架和悬挂轴上的三个悬挂点和拖拉机悬挂机构的上、下拉杆末端铰接，称为三点悬挂，构成一个机组，运输时，将犁悬挂在拖拉机上。耕地时，当拖拉机液压悬挂机构采用力调节耕作时，由拖拉机液压系统自动调整控制耕深；当拖拉机液压悬挂机构采用高度调节耕作时，由限深轮控制耕深。

六、双向铧式犁

双向铧式犁在耕地作业往返行程中可分别向左或向右交替耕翻土垡。其垡片始终向一边翻转，倒向一致。耕后地表平坦，不留沟垄，适于坡地、小块地的耕作。双向铧式犁按犁体换向方式可分为翻转式双向犁和摆式双向犁两类。

1. 翻转式双向犁

翻转式双向犁可实现双向翻土，用左翻和右翻两组犁体轮番作业，具有同向翻转土垡的特点。翻转式双向犁有 90° 翻转和 180° 翻转两种形式。目前，普遍采用 180° 翻转式双向犁（又称全翻转式双向犁），如图 3-22 所示，它是在犁架上装两组不同方向的犁体，通过翻转机构在往返行程中分别使用，达到向一侧翻土

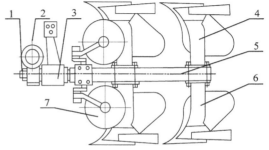

图 3-22　180° 翻转式双向犁示意图
1. 犁架　2. 翻转机构　3. 悬挂架　4. 左翻犁体
5. 犁架　6. 右翻犁体　7. 圆犁刀

的目的。翻转动作由液压油缸控制,任一组犁体处在耕地位置时,油缸都处在最大伸长状态。翻转时油缸先行收缩,使犁架翻转约 90°,然后油缸再伸长,犁架继续翻转 90°,另一组犁体到达工作位置。

翻转式双向犁的主要优点是耕后地表平整,没有沟垄;在斜坡耕作时,沿等高线向下翻土,还可减少坡度。

2. 摆式双向犁

如图 3-23 所示,摆式双向犁只有一组犁体,以摆动犁体工作面来改变翻垡方向。摆式双向犁装有对称式的犁体,通常采用具有对称工作面或三角犁铧的犁体,可绕水平轴或垂直轴旋转。

摆式双向犁的换向过程包括犁梁的换向和犁柱、犁体工作面的换向。换向机构与悬挂机构相连接。在悬挂机构提升和下降的同时,完成犁梁的换向过程。再通过联动机构实现犁柱和犁体工作面的换向。该犁可用机械、液压及人工进行换向。摆式双向犁耕作质量较差,换向机构比较复杂,因而应用不广泛。

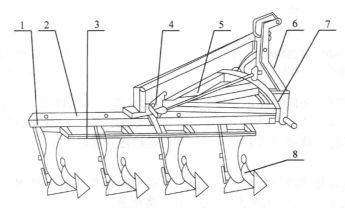

图 3-23 摆式双向犁示意图
1. 犁体换向拉杆 2. 犁梁 3. 犁柱换向拉杆 4. 换向板
5. 犁梁换向拉杆 6. 悬挂架 7. 犁架 8. 犁铧

第三节 圆盘犁

圆盘犁是利用一组或多组凹面圆盘向前转动来耕翻土壤的一种耕作机械。圆盘犁的优点是工作部件在滚动中翻土,与土壤的摩擦阻力小,不易缠草堵塞,因盘刃口长,耐磨性好,较易入土;缺点是质量较大,沟底不平,耕深稳定性与覆盖质量较差。圆盘犁适于在多草、多碎石的土壤中作业。

一、圆盘犁的分类

圆盘犁种类繁多。按其动力特点可分为牵引型和驱动型两类。按牵引形式可分为牵引式、悬挂式和半悬挂式。按工作方式分为单向圆盘犁和双向圆盘犁两种,双向圆盘犁增加了液压式或机械式的翻转机构,回程作业时犁盘转 180°,使翻垡方向保持一致,方便作业。按圆盘特点分为倾斜式(有倾角,用于耕翻土壤)、垂直式(无倾角,用于浅耕灭茬)、单向犁、双向犁、普通犁和缺口圆盘犁等机型。

二、圆盘犁的构造与工作过程

1. 圆盘犁的构造

如图 3-24 所示,圆盘犁一般由圆盘犁体、翻土板(即刮土器)、犁架、悬挂架及尾轮等组成。国产系列圆盘犁的犁柱及犁架是通用的,使用时只要更换犁体就能适应不同耕作的需要。

(1)圆盘犁体

如图 3-25 所示,圆盘犁体是圆盘犁的主要工作部件,是具有一定凹度(曲率)和锋利刃口的球面圆盘,通过心轴与犁柱相连接。圆盘犁可以由一个或多个球面圆盘组成。由多个球面圆盘组成的圆盘犁,每个球面圆盘独立安装在主斜梁焊接的犁柱上,每个球面圆盘均可以单独自由转动。

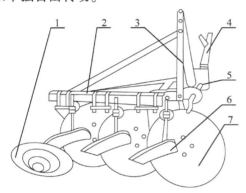

图 3-24 圆盘犁示意图

1. 尾轮 2. 犁架 3. 悬挂架 4. 悬挂轴调节手柄
5. 悬挂轴 6. 翻土板 7. 圆盘犁体

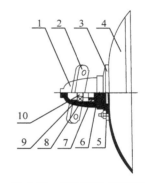

图 3-25 圆盘犁体示意图

1. 罩盖 2. 吊耳 3. 接盘 4. 球面圆盘 5. 埋头螺钉
6. 油封 7. 轴承 8. 轴承座 9. 轴承 10. 心轴

圆盘犁整机结构形式和铧式犁相似,一个球面圆盘即相当于一个犁体,各球面圆盘斜向排列。在耕作时,球面圆盘与前进方向有一个偏角,与铅垂面还有一个倾角,如图 3-26 所示。偏角的大小对球面圆盘的切土、碎土、翻土和耕深都有重要影响,偏角较小时,球面圆盘的碎土、翻土性能较弱;偏角较大时,球面圆盘的翻土、碎土能力增强,耕深也较大,但牵引阻力也随之增加,圆盘犁的偏角一般为 40°~45°。倾角的作用是工作时凹面不致太陡以利于土垡上升,圆盘犁的倾角一般为 15°~25°,以利于球面圆盘更好地入土、碎土和翻土。

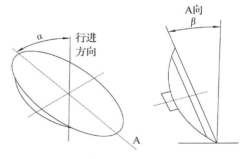

图 3-26 球面圆盘的偏角和倾角

国际标准规定球面圆盘的盘面(周边刀口形成的平面)直径为 300~800 mm,级差为 50 mm,相应的曲率半径为 500~700 mm,级差也是 50 mm。圆盘有全缘式和缺口式两种,中心孔多为方形。圆盘的厚度一般为直径的 0.08%~1.2%,加厚的圆盘达 1.5%,圆盘刃口的厚度应保持在 0.5~1 mm,以确保入土性能。

(2) 犁架

圆盘犁的犁架主要是斜梁，圆盘犁体通过犁柱固定在犁架上。

(3) 翻土板

翻土板安装在每个圆盘凹面的一边，其作用是将黏附在圆盘凹面上的泥土刮掉，并兼有翻垡作用。因此，翻土板常采用近似铧式犁的犁体曲面。

(4) 尾轮

圆盘犁后部有能够切入土中以抵抗侧向力的尾轮，其作用主要是承受土壤对圆盘的侧向反力，使机组在作业中保持行进稳定。为了保证作业质量，尾轮的上下位置和偏转角度都可以调整。

2. 工作过程

如图 3-27 所示，圆盘犁是通过滑切和撕裂、扭曲和拉伸的共同作用来翻耕土壤的。耕地时，球面圆盘回转平面与机组前进方向成一夹角，球面圆盘回转平面还与铅垂面成一夹角。球面圆盘靠它与土壤的摩擦力，绕自身轴线滚动前进，用其锋利的刃口切开土壤，被球面圆盘切下的土垡沿球面圆盘凹面上升并翻转、松散破碎，最后被翻入犁沟。

图 3-27　圆盘犁工作过程示意图

第四节　圆盘耙

圆盘耙是旱地耕后和播种前整地的机具。圆盘耙主要用于破碎土块、疏松土壤，清除、切碎杂草，且有混合表土和平整地面的作用，是表土耕作机械中应用最广泛的一种机具。土壤经过犁耕作后，土垡往往会形成较大的土块，地表平整度不能满足草坪播种或铺植的要求，需要用圆盘耙进一步碎土和平整地表。圆盘耙作业时能把地表的肥料、农药等同表层土壤混合，普遍用于收获草坪后的浅耕灭茬、早春保墒和耕翻后的碎土等作业，也可用作播种后的盖种作业。

一、圆盘耙的分类

圆盘耙按机重与耙直径可分为重型、中型和轻型三种；按与拖拉机的挂接方式可分为牵引式、悬挂式和半悬挂式三种；按耙组的排列方式可分为单列耙和双列耙；按耙组的配置方式可分为对置式和偏置式两种。

二、圆盘耙的构造与工作过程

1. 圆盘耙的构造

如图 3-28 所示，圆盘耙一般由耙组、耙架、倾角调节机构等组成。对于牵引式圆盘耙，还有液压式(或机械式)运输轮、牵引架和牵引架限位机构等，有的圆盘耙上还设有配重箱。

第三章　草坪地耕整机械　49

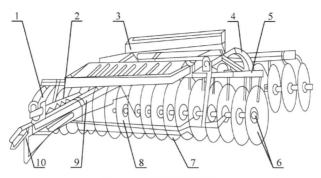

图 3-28　圆盘耙示意图
1. 卡子　2. 齿板式倾角调节器　3. 配重箱　4. 耙架　5. 刮土器
6. 耙组　7. 前列拉杆　8. 后列拉杆　9. 主梁　10. 牵引架

（1）耙组

耙组是圆盘耙的主要工作部件，各种圆盘耙的结构大体相同，但耙组数量、配置方案、单列耙组的耙片直径和数量，以及某些具体结构会有所不同。耙组由方轴、耙片、间管、刮土器等组成。如图 3-29 所示，耙组由 5~10 片耙片穿在一根方轴上，耙片之间用间管隔开，保持一定间距，最后用螺母拧紧、锁住而成。耙组通过轴承及其支座与梁架相连接，工作时，所有耙片都随耙组整体转动。

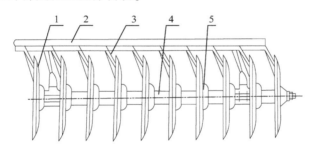

图 3-29　耙组示意图
1. 耙片　2. 横梁　3. 刮土器　4. 间管　5. 轴承

每个耙片的凹面一侧都有一个刮土器。如图 3-30 所示，刮土器安装在横梁上，用于清除耙片上的泥土。刮土器与耙片之间的间隙应保持 1~3 mm，与耙片间所成的夹角为 20°~25°，并可以调节。

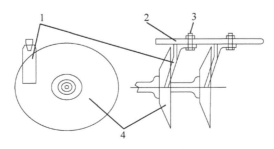

图 3-30　刮土器示意图
1. 刮土器　2. 横梁　3. 连接螺栓　4. 耙片

耙片是一个球面圆盘，其凸面一侧的边缘磨成刃口，以增强入土和切土能力。如图 3-31 所示，耙片可分为全缘型和缺口型两种。缺口耙片的外缘有三角形、梯形或半圆形，除凸面周边磨刃外，缺口部分也磨刃。因此，缺口耙片有较强的切土、碎土和切断残茬的能力，适用于新开垦土地和黏重土壤。耙片的凹面一般为球面，也有锥面。耙片的中心孔一般为方孔，也有圆孔。

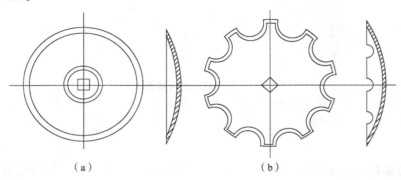

图 3-31　耙片类型
（a）全缘型　（b）缺口型

（2）耙架

耙架用于安装圆盘耙组、调节机构和牵引架（或悬挂架）等部件。一般用两端封口的矩形钢管制成的整体刚性架，具有良好的强度和刚度。有的耙架上还装有配重箱，以便必要时加配重，增加或保持耙深。

（3）偏角调节机构

偏角调节机构用于调节圆盘耙的偏角，以适应不同耙深的要求。偏角调节机构的形式有齿板式、插销式、压板式、丝杆式、液压式等多种。牵引耙齿板式偏角调节机构（图 3-32）由上滑板、下滑板、齿板、托架等零件组成。托架固定在牵引主梁上，上滑板、下滑板与牵引架固定在一起，并能沿主梁移动，移动范围受齿板末端的托架限制。利用手杆可把齿板上任一缺口卡在托架上，通过一系列连杆（前、后拉杆，齿板等）使耙组绕铰接点摆动，从

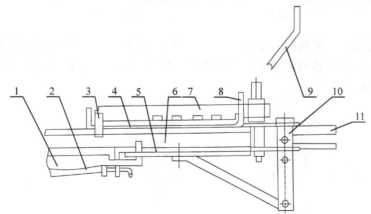

图 3-32　牵引耙齿板式偏角调节机构示意图
1. 前拉杆　2. 后拉杆　3. 托板　4. 上滑板　5. 下滑板
6. 主架　7. 齿板　8. 托架　9. 手杆　10. 牵引架　11. 主梁

而得到不同的偏角。

2. 工作过程

圆盘耙作业时,在拖拉机牵引力作用下,耙片滚动前进,在重力和土壤的阻力作用下耙片刃口切入土壤,并达到一定的耙深。耙片的运动可看作滚动和平移的复合运动,耙片上任一点的运动轨迹都是一条螺旋线。在滚动中,耙片刃口切碎土块、草根及作物残茬。在移动中,由于耙片的刃口和曲面的综合作用,进行推土、铲草,并使土壤沿耙片凹面上升和跌落,从而起到碎土、翻土和覆盖等作用。圆盘耙常用耙地方式如图 3-33 所示。

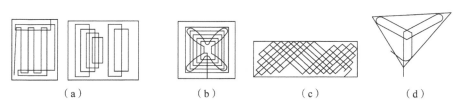

图 3-33　圆盘耙常用耙地方式
(a)棱形耙地　(b)回形耙地　(c)交叉耙地　(d)三角形地块耙地

第五节　旋耕机

一、旋耕机的分类

旋耕机是以旋转刀齿为工作部件的耕作机械。耕地时旋转刀片连续切削土壤,并把土壤抛至后方,与挡泥板碰撞,达到碎土的目的。旋耕机能一次完成耕、耙、平整等作业。

①按旋耕刀轴的安装位置分类:可分为横轴式(卧式)、立轴式(立式)和斜轴式。横轴式旋耕机的工作部件绕与机器前进方向垂直的水平轴旋转切削土壤;立轴式旋耕机的工作部件绕与地面垂直或倾斜的轴旋转切削土壤。

②按与拖拉机的连接方式分类:可分为牵引式、悬挂式和直接连接式。

③按刀轴的传动方式分类:可分为中间传动式和侧边传动式。侧边传动式又分为侧边齿轮传动和侧边链传动两种形式。

④按作业要求不同分类:可分为轻型、基本型和加强型等。在同一种形式中根据配套动力的不同,幅宽也有不同,但其主要部件齿轮箱、侧边传动箱、悬挂架等均通用,只是左右主梁、刀轴、挡土罩等工作部件的长度不同,这样可提高工作部件的互换性。

二、旋耕机的特点

①翻土和碎土能力强,耕作后土壤松碎,地面平整。
②一次作业就能满足播种的要求。
③对肥料和土壤的混合能力强。
④简化作业程序,提高土地利用率和工作效率。
⑤作业机具由拖拉机直接驱动,消耗功率较高。
⑥覆盖质量差,耕深较浅,不利于消灭杂草。

三、旋耕机的构造与工作过程

1. 旋耕机的构造

如图 3-34 所示，旋耕机主要是由机架、传动系统、刀轴、刀片、罩壳等组成。

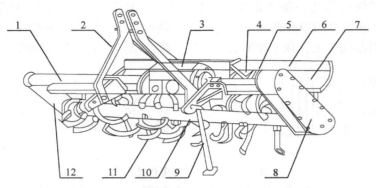

图 3-34　旋耕机示意图

1. 右主梁　2. 悬挂架　3. 齿轮箱　4. 罩壳　5. 左主梁　6. 平土托板
7. 挡土罩　8. 传动箱　9. 撑杆　10. 刀轴　11. 刀片　12. 右支臂

（1）刀轴和刀片

刀轴和刀片是旋耕机的主要工作部件。刀轴及其组件如图 3-35 所示，刀轴由无缝钢管制成，轴的两端焊有轴头，用来和左右支臂连接。刀轴有整体式和组合式两种。刀轴上焊有刀座或刀盘，用于安装刀片。刀座或刀盘在刀轴上按螺旋线排列。刀盘周边有间距相等的孔位，便于根据农业技术要求安装刀片。刀片在刀轴上的固定方法是先将刀座或刀盘焊接在刀轴上，再用螺钉把刀片固定在刀座或刀盘上。采用刀座安装刀片，每个刀座只装一把刀片，刀座有直线形和弯曲形两种，后者滑草性能较好但制造工艺较复杂。采用刀盘安装刀片，每个刀盘上可根据需要固定两把、四把或六把刀片。

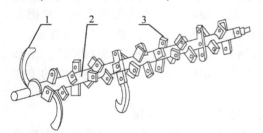

图 3-35　刀轴及其组件

1. 刀片　2. 管轴　3. 刀座

如图 3-36 所示，组合式刀轴由多节管轴通过接盘连接而成，它的优点是通用性好，可以根据不同的幅宽要求进行刀轴的组合，这种刀轴在中间传动的小型旋耕机上用得较多。刀片工作时，随刀轴一起旋转，起切土、碎土和团土作用。

常用的刀片形式有弯形、凿形和直角，如图 3-37 所示。弯形刀片（分左弯和右弯）有滑切作用，不易缠草，具有松碎土壤和翻土覆盖能力，但消耗功率较大。凿形刀片入土和松土能力较强，功率消耗小，但易缠草，适用于土质较硬或杂草较少的旱地耕作。直角刀片的性能同弯形刀片相近。

（2）机架

机架由齿轮箱、左右主梁、侧边传动箱和侧板等组成。卧式旋耕机机架呈矩形，由前梁（左右主梁）、左右支臂及作为刀轴的后梁所组成。前梁为铸造圆管，中间有齿轮箱，两侧为左右支臂，其中一侧装有传动箱。

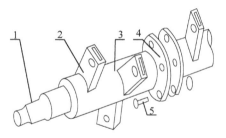

图 3-36 组合式刀轴
1. 轴头 2. 刀座 3. 管轴 4. 接盘 5. 连接螺栓

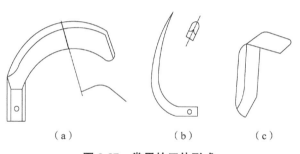

图 3-37 常用的刀片形式
(a) 弯形 (b) 凿形 (c) 直角

(3) 传动系统

传动系统是把拖拉机动力输出轴传来的动力经万向节传给中间齿轮箱,再经侧边传动箱驱动刀轴回转,有的也直接由中间齿轮箱驱动刀轴回转。由于动力由刀轴中间传入,机器受力平衡,稳定性好。但在齿轮箱箱体下部不能安装刀片,因此会有漏耕现象,可采用在齿轮箱箱体前加装小前犁的办法来消除漏耕现象。我国的旋耕机多采用齿轮-链轮和全齿轮传动两种方式。

2. 工作过程

如图 3-38 所示,旋耕机工作时,一方面刀片由拖拉机动力输出轴驱动做回转运动,另一方面刀片随机组前进做等速直线运动。刀片在切土过程中,先切下土垡,随即抛向后方,土垡撞击到罩壳与平土托板而细碎,然后落到地表上。机组不断前进,刀片就连续不断地对未耕地进行松碎。

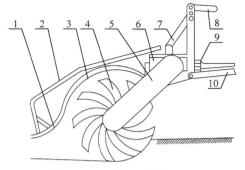

图 3-38 旋耕机工作原理
1. 平土托板 2. 拉链 3. 挡土罩 4. 刀片
5. 传动箱 6. 齿轮箱 7. 悬挂架
8. 上拉杆 9. 万向节 10. 下拉杆

第六节 松土机械和平地机械

一、松土机械

松土是在休闲地上或表层板结土地上进行深松土壤、除草等耕地作业。松土作业包括两个层次:浅层松土,深度一般不超过 18 cm,属表土整地范围;深层松土,深度可达 50~60 cm,其目的是破坏犁底下面的土壤板结层,以利于蓄水和排水。

松土机械也称深松机,是使土壤疏松而不乱上下土层的耕作机械。松土机械主要用于在黏重土壤上做种植前的耕作,也可用于混杂有石块、灌木萌芽和残株的土壤,深度可达 80 cm。当在黏重土壤上进行松土作业时,大的石块、圆石、植物残株和灌木被挖出升到地表面上来,有利于更进一步的耕作。

1. 松土机械的特点

松土机械的特点是松土深度在 18 cm 以上,可用于土壤深松作业,能破碎到犁底层,深松而不翻土,保持上下土层不乱,对地表覆盖破坏少,利于保墒和防止风蚀。在旱作地区,它具有深耕改土、蓄水保墒、提高地力和增加作物产量的效果。

2. 松土机械的分类

按与拖拉机的连接方式可分为牵引式和悬挂式。牵引式松土机械拖挂在拖拉机后面。悬挂式松土机械的耙齿直接悬挂在拖拉机机体后方,由液压缸控制起落,具有附着牵引力大、耙齿能强制压入硬土和机动性好等优点。按结构功能不同可分为弹齿式松土机械、手扶式旋耕松土机械、悬挂凿式深松机、动力平地耙等。

3. 典型松土机械

(1) 弹齿式松土机

如图 3-39 所示,弹齿式松土机用拖拉机牵引,由机架和安装在机架上的用于碎土和松土的弹齿犁组成。在弹齿犁(图 3-40)上,安装着可以更换的各种样式的犁铧。

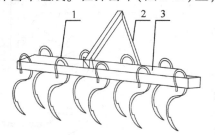

图 3-39 弹齿式松土机示意图
1. 弹齿犁 2. 牵引机构 3. 机架

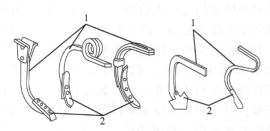

图 3-40 弹齿犁示意图
1. 弹齿 2. 犁铧

弹齿式松土机有各种用于不同目的、不同土壤条件的弹齿和犁铧。可翻转式犁铧当一端磨损后,翻转到另一端可继续使用;宽犁铧和鸭掌式犁铧主要用于锄杂草作业。弹齿主要有刚性齿和弹性齿两种。刚性齿与机架呈刚性连接,犁铧较窄,主要用于深松和草坪的晾干作业;弹性齿有弹簧支承的弹性齿和弹性材料制成的弹性齿两种。弹簧支承的弹性齿是刚性齿通过弹簧与机架连接,主要用于多石砾地的松土作业,遇到石砾时,可以压缩弹簧,将石砾让过后再重新回位。弹性材料制成的弹性齿由断面为矩形的弹簧钢制成,通常在弹性齿的上部绕数圈形成一个螺旋扭转弹簧。作业时,弹性齿会由于犁铧碰到较硬的土块或石砾后在让过的同时引起振动,从而撞击下一个土块使其破碎。

弹齿式松土机的松土深度由拖拉机液压悬挂系统和安装在机架两侧的限深轮控制。弹齿式松土机的作业宽度随所挂接的拖拉机功率不同而异,一般为 1.2~8 m。

(2) 手扶式旋耕松土机

手扶式旋耕松土机也称微耕机,是一种对手扶拖拉机、旋耕机变型后的小型耕作机械。手扶式旋耕松土机以小型柴油机或汽油机为动力,可直接用驱动轮轴驱动旋转工作部件和配套专用机具进行作业,具有质量轻、体积小、结构简单等特点。

手扶式旋耕松土机广泛适用于平原、山区、丘陵的旱地、水田、果园等。

① 分类:手扶式旋耕松土机按功率可分为小型、中型和大型三种;按动力传递方式可分为摩擦片离合器传动式、直联式(图 3-41)、张紧皮带离合传动式、标准式(图 3-42)。

② 主要结构:如图 3-43 所示,手扶式旋耕松土机主要由机架、发动机、传动系(离合器、变速箱、行走箱及驱动箱)、扶手架、行走轮、动力输出轴、旋耕刀辊、罩壳等组成。

图 3-41 直联式微耕机

图 3-42 标准式微耕机

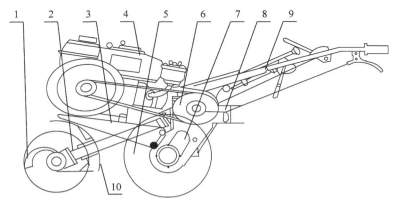

图 3-43 手扶式旋耕松土机示意图

1. 刀片 2. 旋耕刀辊 3. 机架 4. 柴油发动机 5. 行走轮
6. 离合器 7. 变速箱 8. 动力输出轴 9. 扶手架 10. 罩壳

③工作原理：直联式微耕机的发动机与变速箱之间通过法兰盘直接连接，动力通过湿式摩擦片离合器或锥面摩擦片离合器直接传递至变速箱。发动机的动力经变速箱、驱动轮传动机构传递到驱动轮上，可使直联式微耕机在地面上行走。如果将驱动轮卸下来换上旋耕刀就可以进行旋耕作业；如果更换上其他部件，还可进行开沟、起垄、锄草等作业。另外，使用一些收割、脱粒、铡草粉碎、喷药等配套机械时，将发动机动力通过动力输出机构和这些机械连接即可进行作业。

标准式微耕机的发动机动力通过三角皮带传递到变速箱，用张紧皮带的方式来实现动力的离合。变速箱体多为整体式结构，其上为变速部分，其下为动力输出部分，动力输出轴部分与变速部分之间一般采用链条传动，动力由变速箱传动齿轮通过侧边传动链带动刀辊转动而直接驱动工作部件进行各种作业。

(3) 悬挂凿式深松机

悬挂凿式深松机(图 3-44)主要用于土壤深松耕作、破坏犁底层、改良土壤，这种深松机适于高速作业，牵引阻力比铧式犁小。悬挂凿式深松机由凿形深松铲、机架和限深轮等部分组成。悬挂凿式深松机主要工作部件为凿形深松铲，用来熟化耕作层下面的土壤，疏松耕作层以下坚硬的心土，但不使土层上下翻动。凿形深松铲直接安装在机架横梁上，在铲柱与横梁的连接处装有安全销。耕作中遇到树根或石块等大障碍物时，能保护凿形深松铲不受损坏。工作部件间的横向间距应保证工作部件在残茬覆盖的田地上能顺利耕作而不堵塞。机架两侧装有限深轮，主要用来调整和控制松土的深度。

深松铲是深松机的主要工作部件，由铲头和铲柱两部分组成。铲头又是深松铲的关键部件，有凿形、鸭掌形、双翼形三种（图3-45）。凿形铲的宽度较窄，和铲柱宽度相近，形状有平面凿形和圆脊凿形两种。圆脊凿形碎土性能较好，且有一定的翻土作用；平面凿形工作阻力较小，结构简单，强度高，磨损后可更换，既适用于行间深松，又适用于全面深松，应用最为广泛。鸭掌形铲、双翼形铲常用于行间深松。双翼形铲的形状类似中耕双翼锄铲，作用在刃口上的侧向力能自相平衡。

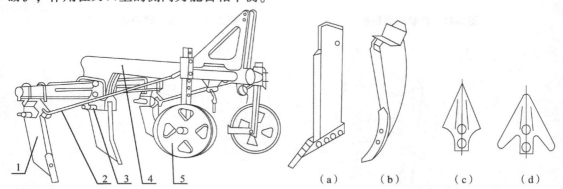

图3-44　悬挂凿式深松机示意图　　　　图3-45　深松铲铲头类型
1. 凿形深松铲　2. 拉筋　3. 安全销　4. 机架　5. 限深轮　（a）平面凿形　（b）圆脊凿形　（c）鸭掌形　（d）双翼形

悬挂凿式深松机利用铲尖对土壤作用的过程中产生的扇形松土区来保证松土的宽度，对土壤耕层的搅动较少，深度可达20～40 mm，但不将底层土壤翻至表层。该机具有深松后地表起伏不明显、土壤疏松适度、耕后沟底形成暗沟、能耗低等特点。

二、平地机械

草地的平整程度不仅影响播种，还影响地面灌溉条件下的供水利用效率和水分分布的均匀度。常规土地平整方法包括人工平地、半人工半机械平地和机械平地等。

平地机械是一种精细平整土地的机具，主要用于农田平地，也可用于修建灌溉渠道、道路平整、工程平地作业。

1. 平地耙

平地耙是一种由拖拉机动力驱动的整地机械，也称驱动平地耙。作业时，工作部件在拖拉机动力输出轴的驱动下进行碎土、搅土。

平地耙有多种，如滚筒型、旋转型、往复型等。其中，以滚筒型平地耙应用较多。

平地耙的特点是碎土灭茬性能好，工作质量高，作业后地表平整，土质松软，能满足作业技术要求。

（1）主要结构

滚筒型平地耙（图3-46）主要由耙滚、罩壳及托板、平土板、传动机构、耙架和悬挂架等组成。耙滚是其主要工作部件，由耙滚轴、耙齿板、耙齿、支承盘等组成。耙齿焊在耙齿板上，耙齿板用螺钉固定在支承盘上。在整个耙幅宽度上有多个耙齿组，各耙齿组上的全部耙齿按螺旋线排列，左右交错配置，使负荷均匀，碎土一致。罩壳固定在耙滚的上方。托板连接在罩壳的后下方，起安全防护及增强碎土的作用。平土板铰接在托板后面，

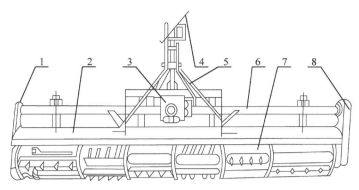

图 3-46 滚筒型平地耙示意图
1. 侧板 2. 罩壳 3. 传动机构 4. 操作面板
5. 悬挂架 6. 主梁 7. 耙滚 8. 侧边传动箱

并通过连杆与机架连接，可进一步平整土地。

(2) 工作原理

滚筒型平地耙作业时，耙滚在拖拉机动力输出轴的驱动下进行碎土、搅土。当平土板操纵杆向后拉，使连杆与机架处于刚性连接时，平土板起刮高填低、整平地面的作用；当将平土板操纵杆向前推，使锁定机构分离，则平土板的尾部就不被压死而处于浮动状态，这样平土板只能靠其自身的质量拖平地面。

旋转型平地耙(图 3-47)的工作部件是一系列带有钉齿的立式转子，多个转子横向排列成一排。转子随直立的转子轴在水平面内旋转，转速可以改变，相邻转子的旋转方向相反，转动范围有一定的重叠，以防漏耕，钉齿间相互错开，互不干扰。旋转型平地耙具有较好的碎土效果，自净性能良好。

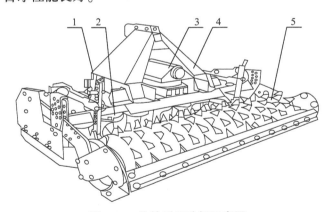

图 3-47 旋转型平地耙示意图
1. 耙深调节机构 2. 立式转子 3. 齿轮箱 4. 悬挂架 5. 镇压轮

往复型平地耙(图 3-48)的工作部件是两排或四排钉轮，通过偏心摆叉把拖拉机动力输出轴的旋转运动转变为钉齿的横向往复运动。钉齿的运动轨迹是由往复运动和机器前进运动合成的。前后排钉齿的运动方向相反，轨迹相互交错，工作时，钉齿往复运动的频率不变，通过改变拖拉机前进速度来调节碎土程度。因此，往复型平地耙碎土能力强。

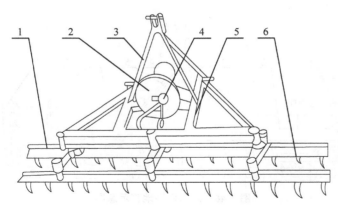

图 3-48 往复型平地耙示意图
1. 钉齿梁 2. 传动盘 3. 悬挂架 4. 偏心摆叉 5. 耙架 6. 钉齿

2. 新型激光平地技术

常规的平整地方法，一般是利用推土机、平地机、铲运机、装载机和挖掘机等农田基本建设机械进行作业，但其受机具自身缺陷和人工操作精度有限的制约，土地平整精度在达到一定程度后无法继续提高。

激光控制土地平整技术能够大幅度提高田间土地平整的精度，激光感应系统的灵敏度至少比人工肉眼判断和拖拉机操作人员的手动液压系统准确 10~50 倍，是常规土地平整技术望尘莫及的。

(1) 激光平地系统的原理

激光平地系统是利用激光信号平面作为平地设计标准，将接收到的激光信号转变为电信号去控制平地设备进行土地平整。激光平地系统原理如图 3-49 所示。

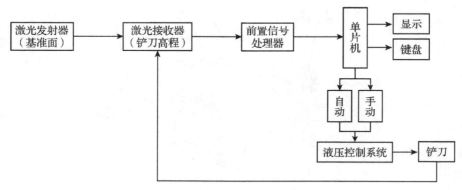

图 3-49 激光平地系统原理

激光平地系统以激光发射器产生的激光平面作为基准面，该基准面不受田间地形起伏状态的影响，具有很高的精度。由激光接收器全方位自动跟踪探测基准面的位置，检测出平地铲相对于基准面的位置偏差，并把这个偏差信号转变成电信号，传递给控制器，然后通过液压调节系统调节铲刀高程，实现对土地的平整。当平地铲高程大于平整设定高程时，接收器发送适当的位置偏差信号给控制器，控制器通过液压调节系统使平地铲下降，直到平地铲与激光基准面之间的相对高程恢复至原来的平整设定高程。平地铲下降挖掘的土方，随平地铲推动前进，供填埋之需；当平地铲的高程小于平整设定高程时，控制器通过液压调节系统使平地铲抬升，卸载土方，填埋田间洼地。只要在平地作业的初始点，将激光接收器安装在平地铲桅杆上的设定位置，拖拉机通常以 3~5 km/h 的速度牵引平地铲在田间内按设定的行进路线往复运动，就可以逐步完成对农田表面的自动平整作业。

（2）激光平地系统的组成

如图 3-50 所示，激光平地系统由拖拉机、激光发射器、激光接收器、液压调节系统和铲运装置等构成。

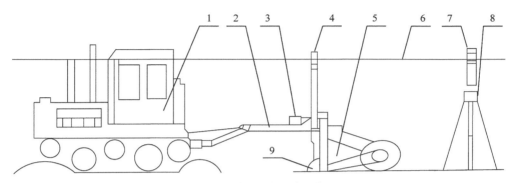

图 3-50　激光平地系统示意图
1. 拖拉机　2. 机架　3. 液压调节系统　4. 激光接收器
5. 平地铲　6. 基准平面　7. 激光发射器　8. 高度调节架　9. 铲运装置

①激光发射器：由蓄电池提供能源，固定安装在可调整高度的三脚支架上。工作过程中，激光发射器高速旋转，产生一个有效工作半径 300 m 左右的水平激光平面。这个激光平面作为控制地表不平度的参照水平基准面。

②激光接收器：是一个信号接收装置，其核心部件是一个光敏电阻。激光接收器套装在平地铲上，且垂直于平地铲的桅杆。平地过程中，由激光接收器接收激光发射器发出的水平激光基准信号，从而检测由平地铲相对于激光平面的位置偏差，并把这个位置偏差信号转换成电信号，传递给控制器上的电液伺服机构。

③控制器：其作用是根据激光接收器传递来的位置偏差信号，经过电路处理后，发送对应的控制信号对平地机的液压调节系统实施反馈控制平地铲升降。

④液压调节系统：由电液伺服机构、液压机、电磁阀等部件组成。它是通过电液伺服机构的作用，将接收器传递过来的偏差电信号转换成液压方向阀和流量控制阀的相应动作，进而控制液压油缸内活塞杆的动作，最终控制平地铲的高低位置。

⑤铲运装置：是通过液压调节系统进行反馈控制，完成切土、带土和摊铺等功能。遇到高地时，平地铲切土并带土移动，两侧板可加大带土功能；到低洼时，积土可自行摊铺，填平地面。

（3）激光平地系统的工作过程

激光平地系统的作业工艺流程如图 3-51 所示。其具体的工作过程如下：

①建立激光：首先根据需平整的场地大小，确定激光器的位置。激光器位置确定后，将激光器安装在支撑的三脚架上并调平。激光的标高，应处在拖拉机最高点上方 0.5~1 m，以避免机组和操作人员遮挡住激光束。

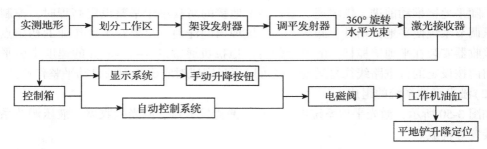

图 3-51 激光平地系统的作业工艺流程图

②测量场地：利用激光技术进行地面测量，一人操作发射器，配 3~5 人移动标尺，每个标尺高 3 m，其上装有可上下滑动的激光接收器。按顺序详细记录测定的测点方向和高低数据，绘制出地形地势图，并计算出整块地的平均高度。这个平均标高的位置，作为平地作业的基准点，也是刮土铲铲刃初始作业位置。

③作业：以铲刃初始作业位置为基准，调整激光接收器伸缩杆的高度，使激光发射器发出的激光束与激光接收器相吻合。即在红、黄、绿显示灯的绿灯闪亮为止（红灯亮，表示接收不到激光器发出的信号；绿灯亮表示接收范围正常，当有三个绿灯亮时，即为水平；黄灯亮，表示地面高低差已超出平整的范围）。然后，将控制开关置于自动位置，就可以启动平地系统开始平整作业。

(4) 激光平地技术的优势

激光平地整地技术不仅可以实现大片土地平整自动化，节约劳动力，减少农民劳动强度，而且可极大地提高农业水资源的利用效率和灌水均匀度，有利于农田耕作和农作物生长，提高农产品产量，从而保障我国粮食安全，缓解我国水资源严重不足的局面，并有助于治理我国日益严重的水土流失等生态环境问题，是发展节水农业与农业生态建设的基础工程和关键技术，具有无与伦比的优势。

本章小结

本章主要介绍了不同类型的草坪地耕整机械，如铧式犁、圆盘犁、旋耕机和松土机械等，并详细阐述了草坪地耕整机械的详细分类、构造和工作过程，熟悉草坪地耕整机械的工作原理，并能熟练选用草坪地耕整机械。

思考题

1. 简述牵引悬挂犁、悬挂铧式犁和双向铧式犁的工作过程。
2. 简述圆盘耙的工作过程。
3. 简述旋耕机的基本工作原理。
4. 简述松土机械的工作过程。

第四章
草坪种植机械

播种作业是草坪生产过程的关键环节，必须根据草坪作业的技术要求做到适时、适量、满足环境条件，使草种获得良好的生长发育基础。机械化播种与人工播种相比，具有均匀准确、深浅一致、效率高、速度快的优点，同时也可为草坪的养护管理作业创造良好的条件，是实现草坪作业机械化的重要技术手段之一。

第一节 概 述

草坪播种有两种情况，一种是在没有任何草坪的、但经过整地的裸地上播撒草种；另一种是在已形成草坪地上，对那些已经损坏或生长不良的区域进行补播草种。许多播种机都可用于播撒草种，但关键是如何使种子进入土壤并被土壤覆盖以防止鸟禽的啄食。目前，市场上有专用于在已有草坪上进行补播草种的播种机，这种机器将草种直接补播到草地中，然后对其覆盖和压实以促使草种尽快发芽。

一、播种作业的技术要求

1. 播种技术要求

播种的技术要求包括播种期、播种量、种子的分布状态、播种深度和播后覆土压实程度等。

草种的播种期影响种子出苗、苗期分蘖、发育生长等。不同的草种有不同的适播期，即使同一草种，不同用途草坪的适播期也有差异。因此，必须根据草种的种类和草坪地的适用条件，选择适宜播种期。

播种量决定单位面积内的苗数、分蘖数。种子的分布状态和播种均匀度确定了植株分布的均匀程度。确定上述指标时，应根据草坪作业的用途、土壤条件、气候条件和草种种类综合考虑。

播种深度是保证草种发芽生长的主要因素之一。播得太深，种子发芽时所需的空气不足，幼芽不易出土；如果太浅，会造成水分不足而影响种子发芽。

播后覆土压实可增加土壤紧实程度，使下层水分上升，草种紧密接触土壤，有利于草种发芽出苗。适度压实是草坪苗齐、苗壮，生长良好的有效措施。

2. 播种草坪地的技术要求

播种草坪地也称草坪播种种床，是指草种萌发、扎根和出苗的土层。草种萌发需要一定深度内种床层有必要的水分、湿度和空气，才能使草种吸收到发芽所需的有效养分，完成发芽生根。草坪地表层需要通过毛管孔隙从水分较丰富的底土提墒，消耗底土贮水、不断提供种床所需水分。种床条件适宜可缩短草种萌发至出苗的时间，扎根早、扎根深、早出苗、出壮苗，增强抗御不良气候的能力，可及早进行光合作用。因此，对种床的技术要求是：

①通过适宜的耕作措施，给草种提供深厚的活土层，贮存养分和水分，使草种根系分布范围广、吸收能力强，草坪地耕作要根据土层的厚度和是否有利于草种发育进行翻地和深松，配合有机肥等措施创造适宜的耕作层。

②通过适当的耕整地措施使种床下层有较多的持水孔隙，上层有较多的持气孔隙，造成上虚下实的有利条件。上虚，有利于草种播种，提高播种质量，达到深浅一致、下籽均匀、覆土严密、减少土壤水分蒸发、防旱保墒、防风蚀的目的；下实，可以提墒，使种子和土壤结合紧密而迅速吸水，利于出苗，及时提供水肥，促苗早发，同时还可达到固定植株的作用。

③为使草种苗全、苗齐、苗壮，要求种床深度一致、表土平整、细碎无土块。

④通过耕整对残茬的掩埋、石块杂物的去除和土壤消毒，创造良好的土壤环境，防止病、虫、害、杂草对草种和幼苗的侵害。

3. 草种特性及技术要求

草种的机械特性是设计排种部件和种箱的基本依据。在播种机的设计生产、实验、调整及使用中应依据其特性制定技术要求。

草种特性及技术处理要求草种的物理机械特性与品种类型、生长条件及种子加工处理方法有关。与播种机有关的种子特性主要有以下几个方面：

①草种的几何尺寸和形状：一般以长、宽、厚三个尺寸表示。它是决定排种器结构的主要参数，特别是与精密排种部件设计时的型孔尺寸密切相关。

②千粒重：即按规定水分的 1 000 粒草种的质量。在设计和使用中常用来换算播种量和单位面积粒数。

③体积密度：即单位容积内草种的质量。利用体积密度可以根据播种量计算种箱容积和排种杯的容积。

④草种的摩擦特性：可用草种的自然休止角 α 表示。使草种自由下落堆成一个圆锥体，此圆锥体底角即为种子的自然休止角 α。草种的自然休止角决定种箱结构形式和排种器中草种的喂入情况。

⑤草种的悬浮速度：通过试验测定，处于垂直向上气流中的草种所受的气流作用力和重力相平衡时，呈"悬浮"状态，这时相应的气流速度即草种的悬浮速度。

为提高播种均匀性，保证草种出苗率，需对种子进行加工处理，如广泛应用的种子清选分级、草种包衣等措施，草种包衣是在草种表面喷涂化学药剂，防止病虫害侵蚀。

4. 播种机的性能要求

对播种机的一般要求是：播种量符合规定、种子分布均匀、种子播在湿土层中且用湿土覆盖、播深一致、种子破损率低。对条播机还要求行距一致且各行播种量一致。对点播机还要求每穴种子数相等、穴内种子不过度分散。对单粒精密播种机，则要求每一粒种子与其附近的种子间距一致，通用性好，使用、调整、清理方便，最好能一次完成播种、施肥、施药等多项作业。

5. 播种机的作业性能指标

对播种机的播种质量常用下列项目所规定的指标来评价：

①排量稳定性：指排种量的稳定程度，也用来评价条播量的稳定性。
②各行排量一致性：指同一台播种机上各个排种器在相同条件下排种量的一致程度。
③排种均匀性：指播种机排种器排种口排除种子的均匀程度。
④穴粒数合格率：对普通穴播，每穴种子数以$(n±1)$粒或$(n±2)$粒为合格，n为每穴种子粒数的预计值。
⑤粒距合格率：在单粒精密播种时，以$1.5t ≥$株距$≥ 0.5t$为合格，t为平均粒距(cm)。若行内种子间距小于或等于$0.5t$者，为重播；大于$1.5t$者为漏播。
⑥播深稳定性：指种子上面所覆土层厚度的稳定程度。有时以播深合格率作为评价指标，而以规定播深$±1$ cm为合格(播深是指种子正上方的土层厚度)。
⑦种子破损率：经排种器排种后，可察觉的受机械破损的种子量占排出种子量的百分比。
⑧播种均匀性：指种子在种床上分布的均匀程度。

二、播种方法

常用的播种方法有撒播、条播、穴插(点播)、精密播种等。

1. 撒播

将种子按要求的播量撒布于地表，称为撒播。撒播时种子分布不太均匀，且不能完全被土覆盖，因此出苗率低。撒播主要用于大面积种草、造林或直播水稻，可用飞机进行。

2. 条播

按要求的行距、播深与播量将种子播成条行，称为条播。条播一般不计较种子的粒距，只注意一定长度区段内的粒数。条播便于进行中耕除草、追肥、喷药等田间管理工作，故应用很广。条播根据作物生长习性不同，有窄行条播、宽带条播、宽窄行条播等不同形式。

3. 穴播、点播

按规定的行距、穴距、播深将种子定点播入土中，称为点播。在地上定点掘穴，将几粒种子成簇地播入种穴，称为穴播。这种播种方法可保证苗株分布合理、间距均匀。穴播较条播节省种子还可提高出苗能力。使种穴纵向与横向均成直行的方格点播，在纵的方向及横的方向均能用机械中耕，提高中耕消除杂草的机械化程度。

4. 精密播种

按精确的粒数、间距与播深，将种子播入土中。精密播种可以是单粒种子按精确的粒距播成条行称为单粒精播；也可将多于一粒的种子播成一穴，要求每穴粒数相等。精密播种可节省种子，但要求种子有较高的田间出苗率并预防病虫害，以保证单位面积内有足够的草株数。

第二节 播种机类型及一般构造

一、播种机类型

播种机按播种方法分为撒播机、条播机、喷播机、补播机和点播机；按播种的作物分为谷物播种机、棉花播种机、草种播种机、蔬菜播种机；按动力分为畜力播种机、机引播种机、悬挂播种机、半悬挂播种机；按工作部件的工作原理分为离心播种机、气力播种机等。播种机种类繁多，若按机械结构及作业特征来区分，则主要是谷物条播机和中耕作物播种机两大类。

条播机主要用于谷物条播，其播行较窄。苗期行间不进行机械中耕。由于播行多而行距小，所以多采用整体式种箱，各行排种器也采用同轴传动。有些谷物条播机上，还附有施化肥装置，可在播种的同时施种肥。

中耕作物播种机主要用于中耕作物的条播和点播，有的还可进行精密播种，苗期可进行行间中耕。这种播种机的特点是行距大、播行少，所以工作部件均以行为单位做成单体式，即每一播行用一个独立的播种单体来完成作业。播种单体由排种、开沟、覆土、镇压等工作部件组成一个独立组件与机架铰接，单独传动或由行走轮统一传动。播种单体可随地面起伏以保持播种深度一致。有些中耕作物播种机的机架还可通用。在换装工作部件以后，可用于中耕、培土、追肥、起垄等作业。许多中耕作物播种机都是精密播种机，可进行单籽粒精密点播或多籽粒精密穴播。还有一些中耕作物播种机则是特殊的专用播种机，如马铃薯播种机和棉花播种机等。

种子直播是草坪建植的常用方法。直播有单播和混播两种方式：单播是指用一种草种建植草坪，在暖季型草坪草种中，狗牙根、假俭草和结缕草常用单播方式，冷季型草坪草种中的高羊茅和剪股颖也常用单播方式，单播可获得一致性好、非常优质的草坪，但由于其遗传背景简单，往往在抗病性和抗虫性等方面较差。混播是根据草坪的使用目的、环境条件和养护水平选择两种或两种以上的草种，或同一种类的不同栽培品种，按一定比例混合播种，建成一个多元群体的草坪植物群落，如'康尼''欧宝''午夜'等几个草地早熟禾品种的混播，草地早熟禾加高羊茅加多年生黑麦草的混播等，混播的优势在于混合群体比单播群体具有更广泛的遗传背景，因而具有对环境更强的适应性，大多数冷季型草坪草都采用种子混播建坪。

由于草坪草的种子多数都比较小，因此在直播作业时常使用草坪撒播机和喷播机，而对颗粒较大一些的种子也可使用农业谷物播种机，对一些很珍贵的种子可选用精密播种机。在已有的草坪地，对局部已经损坏或生长不良的部位进行补播草种时，则常使用草坪补播机。

二、草坪撒播机

撒播主要用于面积较大、均匀度要求不太严格的播种或施肥作业，具有速度快、操作方便、播种机构简单的特点。目前，常用的有地面机械撒播和空中飞机撒播两大类。地面使用的撒播机分单项作业和复合作业两类，单体型比较简单，其动力可由人力、畜力或机力提供，主要由种子箱和排种器组成，排种器是一个由旋转叶轮构成的撒播器，利用叶轮旋转时的离心力将种子撒出，撒出的种子流按照出口的位置和附加导向板的形状，可分为扇形、条形和带形，如图 4-1 所示，其工作幅宽可根据要求调整。在草坪作业中，撒播机既可用于播种作业，也可用于草坪施肥作业，有拖拉机悬挂式、步行操纵自走式等结构型式。

悬挂式草坪撒播机如图 4-2 所示，主要部件有悬挂机架、滚筒料斗、排种转盘、导种

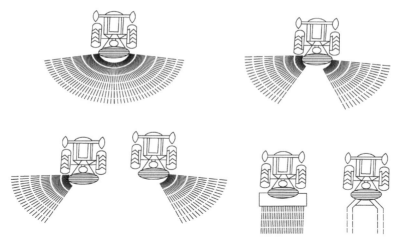

图 4-1 播幅示意图

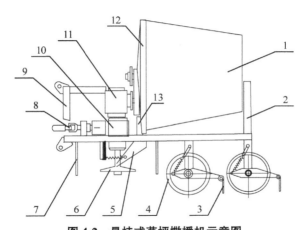

图 4-2 悬挂式草坪撒播机示意图

1. 料斗 2. 机架 3. 钉齿耙 4. 镇压辊 5. 导种管 6. 转盘 7. 帘幔
8. 万向节传动轴 9. 悬挂机架 10. 转盘减速器 11. 料斗减速器 12. 料斗盖 13. 种子计量器

管、转盘减速器、料斗减速器、种子计量器、帘幔、钉齿耙、镇压辊等。作业时，拖拉机的动力输出轴通过万向节传动轴、转盘减速器和料斗减速器，分别驱动滚筒料斗和排种转盘旋转。滚筒料斗的转速很慢，其转动的目的是使种子经常处于流动状态，不致堵塞。滚筒料斗下部装有种子计量器，通过改变计量孔的大小就能调节排种量，种子从排种口通过导种管落到旋转的排种转盘上后，即靠离心力抛撒出去，转盘两侧的帘幔可将种子局限在一定播幅范围内。转盘后方装有弹簧钉齿耙松土器，其松土深度可以调节，用于播种后的覆土，使种子能置于一定的土壤深度之中。

步行操纵自走式撒播机由行走部分和播种机构组成。行走部分由小型汽油机驱动，动力通过链传动减速后传给行走轮，使播种机能自己行走。播种机构的动力则由行走轮的转动，通过装在轮轴上的一对圆锥轮增速改变方向后，再传给排种转盘，使播种转盘旋转，播种转盘上方设有种子箱，种子通过播种量调节孔落到播种转盘上，在离心力作用下被撒播出去。

撒播机使用中应特别注意的是：要根据种粒的粒重适当调节播种转盘的转速，保证其具有一定的播幅和良好的播种均匀性。同时还应根据种粒的大小和形状，合理调节种子计量器或排种孔的开度，保证一定的播种量。撒播机还应选择在无风或微风条件下作业。

三、草坪条播机

1. 草坪条播机的一般构造与工作过程

（1）草坪条播机的一般构造

草坪条播机的一般构造如图 4-3 所示，包括开沟器、排种器、种子箱、肥料箱、输种管、排肥器、覆土器、镇压轮、平行四连杆等部件。

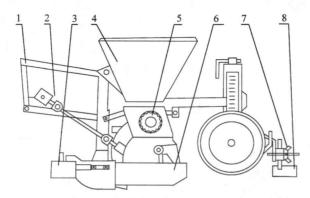

图 4-3　草坪条播机的一般构造示意图
1. 平行四连杆　2. 齿轮箱　3. 刮土铲　4. 种子箱　5. 排种器　6. 开沟器　7. 覆土器　8. 镇压轮

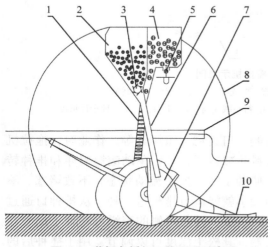

图 4-4　草坪条播机工作原理示意图
1. 输肥管　2. 种子箱　3. 排种器　4. 肥料箱　5. 排肥器　6. 输种管　7. 开沟器　8. 地轮　9. 机架　10. 覆土器

（2）草坪条播机的工作过程

草坪条播机工作时，开沟器在地上开出种沟，由行走轮通过传动装置使排种器旋转，盛放在种子箱内的种子被排种器连续均匀地排出，通过输种管落入种沟，由覆土器覆盖。有的播种机还同时进行施肥作业。草坪条播机的工作原理如图 4-4 所示。

2. 草坪条播机的工作部件

草坪条播机的工作部件主要包括排种器、排肥器、输种(肥)管、开沟器、覆土器、镇压轮等。

（1）排种器

排种器安装在种子箱的底部，其功用是将种子箱内的种子按播种要求定量而连续地排出。

条播排种器能以接近于连续的种子流排种。最常用的是外槽轮排种器，其特点是结构比较简单，制造容易，播量受种子箱内存种量、机组前进速度及振动的影响较小，且调整方便；能播小粒和大粒种子，但排种的均匀度稍差，且不适于高速作业。

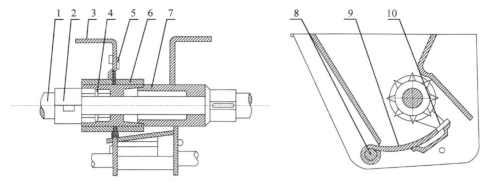

图 4-5 外槽轮排种器示意图

1. 排种轴 2. 卡箍 3. 排种盒 4. 销 5. 花形挡圈
6. 外槽轮 7. 阻塞轮 8. 舌套轴 9. 排种舌 10. 开口销

外槽轮排种器由排种盒、花形挡圈、阻塞轮、排种轴和排种舌等组成，如图 4-5 所示。

外槽轮排种器的主要工作部件是周边均布有 10~12 个半圆形凹槽的排种轮，用轴销固定在排种轴上，与右端密接的阻塞轮同置于排种盒内，并借左、右卡箍在排种轴上定位，随排种轴转动时即可排种，左右移动时，可改变其在排种盒内的工作长度，以调整排种量，工作长度越长，排种越多。

阻塞轮活套在排种轴上，外缘凸齿卡在排种盒侧壁的切口内，能与排种轮一起轴向移动，但不能转动。它可堵塞排种轮自排种盒内移出后所空出的位置。

排种盒安装在种子箱底漏种口的下方，左壁没有内齿挡盘，与外槽轮一起转动，用来防止种子侧向外溢。排种盒下方装有排种舌，排种舌与外槽轮间留有间隙，称为排种间隙，如图 4-6 所示。排种间隙大小可以调整，一般有大、中、小三个位置，以适应种子粒型的大小。有的草坪条播机的排种间隙既可通过调节手柄进行整体调节，也可通过改变排种舌在倒空轴上的安装角度进行个别调整，使各个排种器的排种间隙保持一致。工作时，随着外槽轮的转动，凹槽逐次充满种子，并强制将种子由排种口排出。排种舌铰接在排种盒的下部，当开口销插入不同的位置，可使排种口有不同的开度，以适应播大小不同种子的需要。

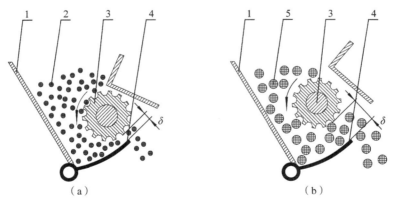

图 4-6 排种间隙示意图

(a) 排小粒种子 (b) 排大粒种子

1. 排种盒 2. 小粒种子 3. 外槽轮 4. 排种舌 5. 大粒种子

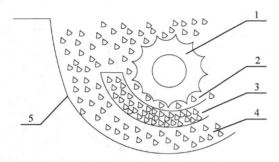

图 4-7　外槽轮排种器工作示意图
1. 排种器　2. 强制层　3. 带动层
4. 静止层　5. 排种盒

工作时，排种轴带动排种轮转动，凹槽内的种子随排种轮一起转动，并被强制从排种盒下部排出，这一层种子称为强制层，如图 4-7 所示。处于排种轮外缘附近的一层种子，由于种子之间的摩擦作用和排种轮轮缘突起的间断冲击作用也被带动起来，这一层种子称为带动层。带动层种子的运动速度自里向外逐渐减小，直至为零。带动层外边为静止层。随着强制层和带动层种子的不断排出，静止层的种子便依次向带动层和凹槽内补充，排种器就能不断地工作。

如图 4-8 所示，外槽轮排种器有上排式和下排式两种。播种小粒种子时采用下排法。改变排种轮的旋转方向，使种子从排种盒上方排出即为上排法，它适用于播玉米、黄豆等大粒种以降低种子的损伤率。上排法是按舀出原理工作的，强制作用较差，如果地面不平，会因机器振动的影响，导致种子自然流出，故采用上排法时，对整地要求较高。

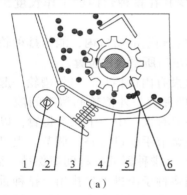
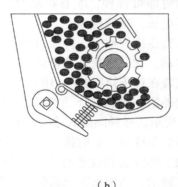

图 4-8　排种方式示意图
(a) 下排式　(b) 上排式
1. 方轴　2. 托板　3. 弹簧　4. 活底　5. 排种舌　6. 槽轮

在种子箱的后壁装有播量调节手柄，用于调节排种轮在排种盒内的工作长度以调节播量。

(2) 输种(肥)管

输种(肥)管的功用是将排种(肥)器排出的种子(或肥料)导入开沟器，或直接导入种沟。其上端与排种器或排肥器连接，下端一般插入开沟器中。为了使种子或肥料顺利通过，输种(肥)管应有足够的截面，与地面垂线的夹角不能太大，内壁光滑以利于种子或肥料通过。由于开沟器不可能均位于排种器或排肥器的正下方，且开沟器工作中，因土壤阻力不同会使它的入土深度发生变化，以及工作中需要经常升起和降落，这就要求输种(肥)管能够适当伸缩或灵活弯曲，并在伸缩或弯曲和摆动中都不影响种子或肥料通过。

播种机上常用的输种(肥)管有金属卷片管、波纹管和漏斗管，如图 4-9 所示。金属卷片管用弹簧刚带冷辗卷绕而成，其结构简单、质量轻、弹性好、弯曲性能和伸缩性能好、不受温度的影响、工作可靠、便于保管存放，但造价较高，长久使用后会局部伸长，形成缝隙，造成漏种，拉伸后难以恢复原状。波纹橡胶管或波纹塑料管是在两层橡胶或两层塑料之间夹有螺旋形弹簧钢丝，因而其弹性、伸缩性和弯曲性能都比较好，下种可靠，但价格较高。漏斗管是由几个金属漏斗用链条连接而成，结构复杂、质量重、弯曲性能差，但伸缩性好，工作时各漏斗之间可以产生摆动，不易被肥料堵塞，一般用作输肥管。

（3）开沟器

开沟器的主要功能在种床上按一定的作业技术要求开出一定深度和宽度的种沟，引导种子（或肥料）落入种（肥）沟并覆盖湿土。

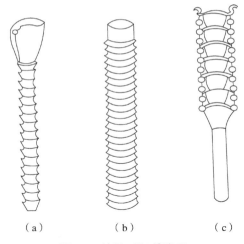

图 4-9　输种（肥）管类型

(a)金属卷片管　(b)波纹管　(c)漏斗管

①对开沟器工作质量的要求：开沟器的工作质量直接影响播种质量。对开沟器的要求如下：

a. 开的沟要直，沟底松软平整，行距一致，开沟深度、播种深度和苗幅宽度符合农业技术要求。开沟深度能在一定范围内调节，以适应各种作物的播深要求。

b. 开沟器工作时应不乱土层，不将下层的湿土翻到地面，也不可使干土落入沟底，应将种子导至湿土上。

c. 行距可调节。条播要求行内种子分布均匀，点播要求落粒位置准确。

d. 开沟器能随地面起伏进行仿形，并应有一定的回土、覆土作用，要使细湿土将种子全部覆盖，以利于种子发芽，覆土深度一致，覆土后地表平整。

e. 入土性能好，开沟阻力小，工作可靠，不易被杂草、残茬和湿土缠绕或堵塞。

②开沟器的分类：开沟器按其结构不同主要有双圆盘式、单圆盘式、锄铲式、芯铧式、滑刀式和组合式。按其入土角（开沟器的开沟工作面与地面的夹角）的不同可分为锐角式和钝角式两大类，如图 4-10 所示。锐角开沟器入土角 $\alpha<90°$，主要有锄铲式、翼铲式、船形铲式、芯铧式等；钝角开沟器的入土角 $\alpha>90°$，主要有单圆盘式、双圆盘式、滑刀式、靴式等。下面着重介绍几种开沟器的结构和工作原理。

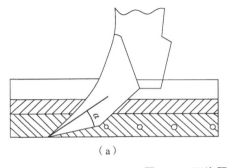
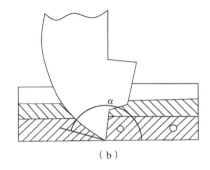

图 4-10　开沟器入土角示意图

(a)锐角式　(b)钝角式

a. 双圆盘式开沟器：主要由开沟器体、平面圆盘、内锥体、外锥体、开沟器轴、拉杆、导种板等组成，如图 4-11 所示。开沟器体和内、外锥体套在开沟器轴上，用螺母紧固，圆盘毂置于内、外锥体形成的"V"形槽内可自由转动。内、外锥体间装有调整垫圈，当圆盘毂和内、外锥体磨损后，减少垫圈可调整其配合间隙。开沟器轴两端的螺纹一端为正螺纹，另一端为反螺纹，可防止螺母松脱。开沟器体安装有导种管，种子、肥料由此经导种板落入沟内。导种板位于导种管后下方，具有均匀散种、加宽苗幅和刮除平面圆盘内盘面黏土的作用。左、右圆盘自前至后呈夹角倾斜安装。开沟器前端通过拉杆安装在开沟器梁上，后端通过吊杆与升降臂相连接，吊杆上安装有压缩弹簧，借以增加开沟器入土能力，通过改变弹簧压力调整开沟深度。

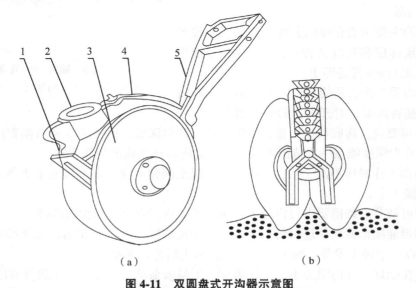

图 4-11 双圆盘式开沟器示意图
(a) 普通双圆盘式开沟器　(b) 窄行双圆盘式开沟器
1. 导种板　2. 导种管　3. 平面圆盘　4. 开沟器体　5. 拉杆

工作时，平面圆盘滚动前进，切开土壤并向两侧推挤形成种沟。种子在两圆盘间经导种板散落于沟中，圆盘过后沟壁塌落而覆盖，可使种子均匀落于湿土上。双圆盘式开沟器由于圆盘滚动和用导种板刮除黏上的土，所以不易挂草和阻塞，适应性较好，在整地较差、土壤潮湿或地面有残茬、杂草的情况下都可使用。

为了适应窄行播种的需要，可增大双圆盘式开沟器两圆盘间的倾斜夹角。这样开沟较宽，沟底中间凸起形成"W"形两个小沟。导种管下端分为两个叉管，由输种管落下的种子则经叉管落入两个小沟。

为了解决种肥混合容易烧伤种子影响发芽的问题，双圆盘式开沟器分别安装导肥管和导种管，同时也加大了两圆盘的倾斜夹角。此外，在两圆盘间另安装有覆肥板。工作时，沟底中间形成"W"形小凸脊，肥料先经导肥管散落于沟底，随着开沟器的前进，由覆肥板将凸脊刮平，肥料被土覆盖，种子再经导种管散落，然后覆土。

每个双圆盘式开沟器都安装有加压弹簧，用来改变开沟深度。增大弹簧压力，开沟深度变大；减小弹簧压力，开沟深度也就随之变浅。

b. 单圆盘式开沟器：主要由一个球面圆盘、开沟器轴、拉杆、导种管、压缩弹簧、刮土板等构成，如图4-12所示。球面圆盘凹面偏向机器前进方向，导种管和刮土板安装在球面圆盘凸面一侧。

工作时，球面圆盘滚动前进，依靠自重和弹簧压力切开土壤，切下的土壤沿凹面升起到一定高度抛向一侧，其中一部分土壤沿球面圆盘下滑落入种沟覆盖种子。单圆盘式开沟器最大的优点是结构简单、质量轻。

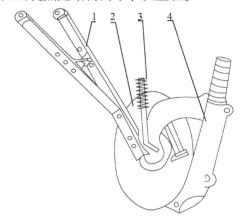

图4-12 单圆盘式开沟器示意图
1. 拉杆 2. 球面圆盘
3. 压缩弹簧 4. 导种管

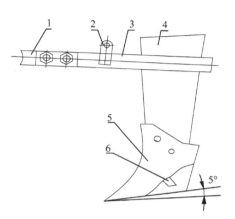

图4-13 锄铲式开沟器示意图
1. 拉杆 2. 压杆座 3. 夹板 4. 开沟器体
5. 开沟铲 6. 导种板

c. 锄铲式开沟器：主要由开沟器体、开沟铲、拉杆、压缩弹簧、导种板等组成，如图4-13所示。

锄铲式开沟器对开沟深度的调节，可通过减小开沟铲的入土角或增大弹簧压力（若无弹簧也可增加配重）以增大开沟深度；反之，则使开沟深度减小。

锄铲式开沟器最大的优点是质量轻，结构简单，入土性能好，但容易挂草和壅土，作业速度高时造成开沟深度不稳定。

d. 芯铧式开沟器：主要由芯铧、侧板、立柱等组成，如图4-14所示。工作时，土壤被芯铧的水平刃切开后逐渐沿曲面上升并向两侧推移，再由两侧板继续分开，将残茬、表层土块、杂草等向两侧抛出。芯铧式开沟器的特点为所形成的沟底较宽（12～20 cm）且平整，有利于种子均匀分布，并可防止干湿土层相混杂，对播前整地要求不高，可在垄留茬地上开沟，有利于清除垄上残茬和杂草，所以芯铧式开沟器是我国特有的适于垄作的开沟器。芯铧以锐角入土，并具有对称的工作曲面，所以入土性能好。其缺点为工作阻力较大，有塞土、翻土和抛土现象，自覆土能

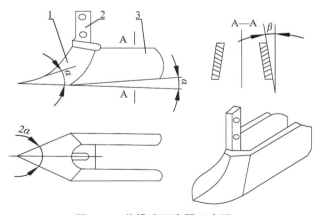

图4-14 芯铧式开沟器示意图
1. 芯铧 2. 开沟器柄 3. 侧板

力差，不适宜高速作业。

e. 滑刀式开沟器：主要由滑刀、推干土器、限深板、侧板等组成，如图4-15所示。滑刀式开沟器的工作过程为靠自重和弹簧压力以钝角切入土中，利用两个侧板推挤而成沟。种子由两侧板中间落入沟底，湿土则从侧板后下角缺口部分落入沟内，将种子覆盖。滑刀式开沟器的特点为开沟时不乱土层，使种子和湿土紧密接触；开沟较窄且投种高度低，投种位置准确且开沟深度稳定，常用于播种质量要求较高的玉米、棉花点播机和其他中耕作物播种机上。但滑刀式开沟器入土性能、覆土能力较差，必须配有专门的覆土和填压部件来盖严、压实种子，适于整地良好的土壤。

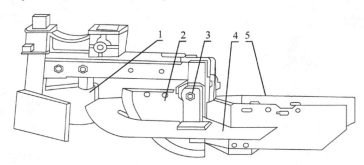

图4-15 滑刀式开沟器示意图
1. 推干土器 2. 滑刀 3. 调节螺母 4. 限深板 5. 侧板

f. 组合式开沟器：如图4-16所示，组合式开沟器常在播种施肥机上使用，利用组合式开沟器可以实现正位深施。组合式开沟器有双圆盘式和锄铲式等，导肥管和导种管单独设置，导肥管在前，导种管位于后方，其工作原理基本相同。开沟入土后开出种肥沟，肥料通过前部投肥区落入沟底，被一次回土覆盖。种子通过投种区落在散种板上，反弹后散落在一次回土上，由二次回土覆盖。

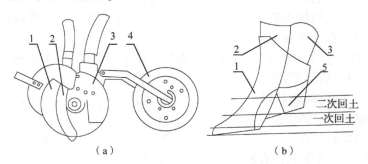

(a)　　　　　　　　(b)

图4-16 组合式开沟器示意图
(a)双圆盘式 (b)锄铲式
1. 开沟器 2. 导肥管 3. 导种管 4. 镇压轮 5. 散种板

(4) 覆土器

各类开沟器虽有一定的覆土能力，但都不能达到覆土厚度的要求。因此，通常在开沟器后面安装覆土器，其主要功用是在种子落入沟底后，以适量细湿土覆盖，并达到规定的覆土深度。对覆土器的要求是覆盖严密，不改变种子在种沟内的位置，且不拖堆、不缠草。

常用的覆土器有链环式、拖杆式、弹齿式和爪盘式，如图4-17所示。其中，链环式、

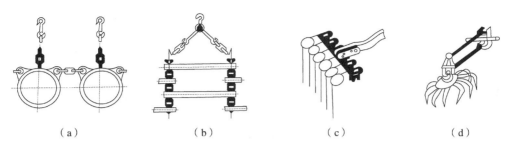

图 4-17 常用的覆土器类型
(a)链环式　(b)拖杆式　(c)弹齿式　(d)爪盘式

拖杆式的结构简单,我国生产的条播机多采用这两种覆土器。

(5)镇压轮

镇压轮用来压密土壤,使种子与湿土充分接触,提高发芽率。镇压轮有平面整体式、凸面整体式、凹面整体式、凹面剖分式、"V"形双轮式等多种形式,如图 4-18 所示。

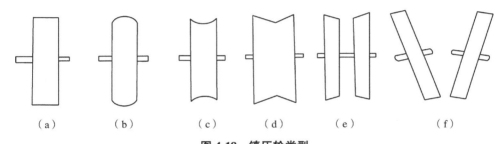

图 4-18 镇压轮类型
(a)平面整体式　(b)凸面整体式
(c)(d)凹面整体式　(e)凹面剖分式　(f)"V"形双轮式

平面整体式镇压轮结构简单,镇压面较宽,压力分布均匀,用于宽幅开沟器(如芯铧式开沟器)。凸面镇压轮对种子上方土壤的压实作用强,使种子与土壤密接,适用于谷子、玉米等出土能力强的作物,也适用于干旱多风地区使用。镇压后种子紧靠湿土,防止透风,利于保墒。凸面镇压轮要求压成的沟不宜太深,否则易造成土壤积水板结。凹面镇压轮有整体的和分离的两种,镇压性能比较好。凹面镇压轮从两侧将土壤和种子压紧,但在种子上部的土层比较松,有利于种子发芽出苗生长,适用于棉花、豆类及出土较困难的双子叶作物,也适用于潮湿地区土壤使用。"V"形双轮式镇压轮呈倒八字配置,每行用一对,作用同圆锥分离轮相似,并有一定的覆土作用。"V"形双轮式镇压轮与窄幅开沟器(如双圆盘式开沟器)相配合使用。橡胶镇压轮有实心和空心之分,根据内胎的大小,近年来出现的一种零压胎轮的空心橡胶轮发展比较快。这种镇压轮有个没有内胎的胎轮,它的腔壁上有一孔,使胶胎内空气与大气相通(故称为零压橡胶镇压轮),受压变形后靠自身弹性恢复原来形状。橡胶镇压轮具有弹性好、黏土少、易脱土、滑移少、压后地表不易产生鳞片状裂缝等特点,是一种比较好的镇压轮,但造价较高。

四、草坪喷播机

草坪喷播机是利用气力或液力进行草籽播种的机械。目前,使用比较广泛的是液力喷播机,它主要用于城市大面积草坪、高尔夫球场草坪、运动场草坪的建设,以及难以施工的陡坡地的草坪建设。

液力喷播前需将种子进行催芽处理,并与纤维覆盖物、黏合剂、肥料和一定比例的水组成混合浆液,然后进行喷播。喷播后在地面上会形成一层均匀的覆盖层,它由纤维、胶体和表土结合而成。覆盖层既能保持水分,减少水分蒸发,给种子发芽提供良好的水分、养分和遮荫环境,又能避免或减少种子被风吹走、被雨水冲走或被鸟啄食。另外,由于覆盖物一般被染成绿色,喷后能马上呈现出草坪的效果,并容易检查喷播的质量,因此,液力喷播技术现在已广泛使用。

液力喷播机有车载式和拖挂式两类:前者是将喷播设备安装在卡车上,后者是将喷播设备安装在拖车上,图4-19为拖挂式液力喷播机外形图。

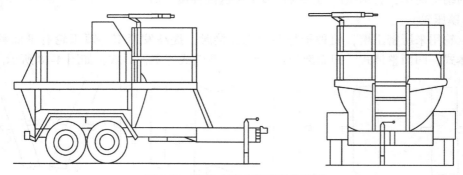

图 4-19 拖挂式液力喷播机外形图

如图4-20所示,车载式液力喷播机一般由动力源、浆泵、混合罐、搅拌器、软管、喷枪等组成。喷播的动力源大多为自备的汽油机或柴油机,也有利用拖拉机或汽车本身的动力输出轴或分动箱作为动力源的。动力源用于驱动浆泵,浆泵为离心泵,工作压力为0.7~1.0 MPa。浆泵将混合浆液通过软管压至喷枪,喷枪射程可以调节,最大射程可达数十米。

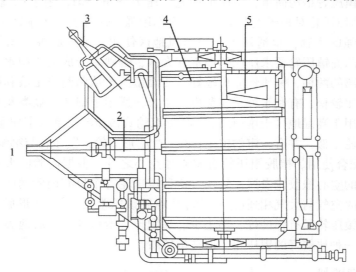

图 4-20 车载式液力喷播机示意图
1. 牵引架 2. 浆泵 3. 喷枪 4. 混合罐 5. 搅拌器

喷射系统中设有旁通阀,当喷枪停止喷射时浆液可通过旁通阀回到混合罐,起安全保护作用。喷枪有长嘴、短嘴、鸭嘴等多种形式,可根据不同的作业对象和地形选用。混合罐由尼龙或不锈钢制成,具有防腐蚀、防锈蚀功能。混合罐内装有搅拌器,用于不断地搅拌罐内的混合物,使作业时能始终保持浆液的均匀性。搅拌器一般为机械式,由轴和翼片组成,翼片与旋转平面成一定角度等距离安装在轴上,轴可以是机械传动的,也可以是由液压马达独立驱动的。为了强化搅拌功能,近期研制的液力喷播机除装有机械式搅拌器外,还装有液力循环搅拌系统,它是在喷射系统中设一支管,直接通入混合罐内,向罐内壁喷射,这样就使浆液在罐内能循环流动,提高搅拌效果。

五、草坪补播机

已建成的草坪,由于一些人为或自然的原因,经常在某些区域会出现无草皮或草株过稀的现象,这就要求进行补种或补播。补播可以使用普通的草坪播种机,但由于播前要进行相应的整地,需动用多台机械,而且面积通常都比较小,最好采用集整地、播种于一体的专用草坪补播机。

草坪补播机有拖拉机悬挂式、步行操纵自走式等型式。图4-21为一种拖拉机悬挂式草坪补播机,它由整地、播种、施肥三部分组成。整地部分包括了能调节松土深度的松土铲,破碎土壤的碎土器,以及播种后压实土壤表面的镇压器。施肥部分由搅拌器、肥料箱、排肥量调节装置、排肥管等组成。播种部分由种子箱、种子搅拌器、排种器、排种管等组成。其工作过程是:松土铲将土壤疏松并切断残留的草根,排肥管将肥料施入土中,碎土器将土块打碎,并使土肥混合,排种管将种子播入土壤内,镇压器将表层土壤轻度压实,整个补播作业就全部完成。

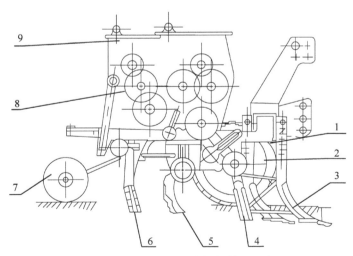

图4-21 拖拉机悬挂式草坪补播机示意图
1. 机架 2. 地轮 3. 松土铲 4. 施肥管 5. 碎土器
6. 排种管 7. 镇压器 8. 传动部分 9. 种子和肥料箱

第三节 播种机的使用

一、播种机的调整与田间校核

播种机的调整与田间校核是关系到播种工作质量的重要因素之一。播种机的调整项目比较多，调整方法因机型结构而异，但其基本原则是一致的。主要的调整项目有行距、播种量、播深等。

1. 播种量的调整

播种量调整是为了使播种符合农业技术要求，应在正式播种以前，对播种量进行调整与试验。以外槽轮排种器的播种机为例，调节播种量的方法有两种：一是改变排种轴的传动比；二是改变排种轮的工作长度。通常是先按播种量选好传动比，然后调节排种轮的工作长度，尽量选用较小的排种轮转速和较大的排种轮工作长度，是播种量调节的基本原则，这样可使排种均匀稳定，且种子破碎率低。为使播种量符合规定和各行排量均匀一致，应在机库或农具停放场，按下列步骤进行播前的播种量调整与试验。

①检查排种轮工作长度与排种舌的一致性，以保证各行播种量的一致性。

②计算行走轮的转速：调试播种量通常用转动行走轮代替机组在地里行走。由于行走轮的转速会影响播种量，所以，在调试播种量时，行走轮的转速应尽可能与实际播种时行走轮的转速一致，以减少排种的误差，这就需要计算出行走轮的转速。计算播种机行走轮转速的方法，是将预定播种用的拖拉机前进速度换算成播种机行走轮每分钟的转速。在实际工作中，播种机行走轮存在打滑现象，所以行走轮的实际转速要比计算出的小。

③计算播种量：已知播种机行走轮每分钟的转速，即可求出 1 min 内播种机所排出的种子量。

④按以下步骤做好播种量调试前的准备工作：支起播种机，使行走轮离开地面能自由转动，种子箱底部应保持水平。把播种量调节手柄固定在预定的位置上。向种子箱内装实际播种用的种子，应装至种子箱容积的 1/4 以上；转动行走轮 2~3 圈，使排种器内充满种子。在每个排种口上挂一个盛种袋，以收集各排种口排出的种子。准备好称种子用的秤或天平。

⑤播量调试：在行走轮上做好记号，按接近实际工作的转速，用手均匀地转动行走轮 15~30 圈，然后收集种子并分别称重，要求总排种量基本等于计划播种量。如总排种量不符合规定，应调整播种量调节手柄重做试验。播种量初步调好以后，要重复五次，求其平均数。排量稳定后才算合格，然后将播种量调节手柄加以固定。

2. 田间校正

通常可采用定程试播法和百米流量法，对播种量调整工作进行复核。在田间复查时，允许实际播种量与计划播种量有 2%~3% 的误差。

(1) 定程试播复核

试播前计划好一次复核试播的地段长度，并计算出相应的播种量。试播复核前应准备好等量的种子 3~4 份。把种子箱里的种子刮平，用粉笔在种子表层与种子箱四壁接触处划一道线作为标志。在定程播完一趟后，将一份种子倒入种子箱内，刮平后检查与原来所划的标记是否相符。如种子表层高于标志线，则表示播种量不足；如种子表层低于标志线，则表示播种量过多；当种子表层恰与标志线平齐，则表示播种量合适。播种量不足或过大，都应校正播种量调节手柄后再试播。

(2) 百米流量

先在田间量出 100 m 距离，在地段两端插上标杆。当播种机组到达第一根标杆时，把选定的排种口的输种管取下，换套一个布袋，直至播完 100 m 距离(即到达第二根标时)，取下布袋，称出袋内种子的质量，并核算播种量是否正确。核算后应把种子补种在原来的种沟内。

二、播种作业方式

1. 梭形作业方式

由地块一侧进入，每一行程播完后，转一梨形弯而进入第二行程，顺序前进，直至播完主要地段以后再播地头，如图 4-22(a)所示。这种作业方式的优点是比较简单，事前无须区划，不受地块面积的影响，各行整齐。缺点是地头宽度大，地头转弯空行时间长，影响生产效率，机组两侧都得安装划行器或指印器。

2. 向心和离心作业方式

向心作业方式是播种机组由地块一侧开始向内绕行，如图 4-22(b)所示。离心作业方式是机组由中间开始向外绕行，这种作业方式的优点是行走路线简单，只需在一侧安装划行器或指印器，便可解决导向问题。缺点是在地块中心需转梨形弯，地头的宽度大，播前需将地块划分成小区，小区的宽度应为机组工作幅宽的整倍数，并要求拖拉机驾驶员具有较高的驾驶技术。

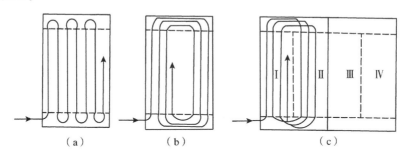

图 4-22 播种方法

(a)梭形作业方式 (b)向心作业方式 (c)套播作业方式

3. 套播作业方式

用套播作业方式播前应将地块划分成偶数相等的小区，如图 4-22(c)所示，小区的宽度应为机组工作幅宽的整倍数。当小区宽度为机组工作幅宽 3 倍时，地头转弯处空行距离最短；若超过 5 倍，则地头转弯的空行距离将比梭形作业方式长。这种作业方式的优点是地头的宽度小，机组转弯方便。缺点是要求准确划分小区的宽度。

三、播种质量的检查

播种质量的检查包括试播检查、班次检查和验青苗三项内容。试播检查的目的主要是帮助调好机具。班次检查的目的在于贯彻农业技术要求,检查机组的作业质量是否符合规定,便于发现问题及时纠正。验青苗只能帮助评定播种质量,总结播种经验并研究随后需采取的措施。在大面积播种中,还应随时核对已播面积与用种量是否相符,以确保播种工作的顺利进行。

检查项目包括行距、播种深度和播种量。

1. 检查行距

扒开相邻两行的覆土直至发现种子,再用直尺测量,如图4-23所示。要求相邻两行行距的误差不超过±1.5 cm,相邻两行程之间邻接行距的误差不超过±2.5 cm。

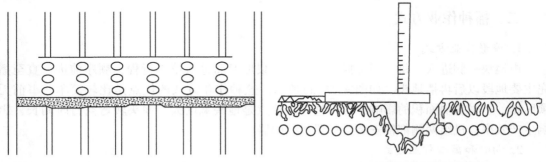

图 4-23 检查行距示意图　　图 4-24 检查播种深度示意图

2. 检查播种深度

检查播种深度时,可先扒开种子上的覆土直至发现种子,扒土时应不使土层受到搅动,以免种子移动位置。顺着播种方向在地面放一把直尺,再用一把带刻度的直尺测量播深,如图4-24所示。按对角线方向选点检查(不少于10个点),计算出平均播种深度。平均播种深度与规定的播种深度的偏差不应超出规定范围。

3. 检查播种量

检查播种量是确保播种质量的重要措施,可用以下方法:

①测量已播面积和种子箱内种子的消耗量,计算出单位面积实际播种量,看其是否符合规定的播种量。

②1 m 落粒检查法:即检查每米长的播行内实播种子粒数,与根据单位面积播种量计算出的每米长度播行内应播种子粒数相对比。采用此法检查时,可以任意挖开已播种子行,检查每米长度播行内实播种子粒数。

四、播种机的牵引阻力及功率估算

1. 播种机的牵引阻力

播种机的牵引阻力包括行走轮滚动阻力 P_1 和开沟器阻力 P_2。由地轮传动驱动排种器的播种机,应专门计算地轮滚动阻力。

播种机的阻力可用经验方法按每米播幅的平均阻力来估算,如圆盘式开沟器的条播机在行距为15 cm、播深为3~6 cm时,每米播幅的平均阻力为980~1 860 N;而装有滑刀式开沟器的中耕作物播种机因开沟器数少,每米平均阻力为980~1 370 N。

精确的计算应在实际作业中测定,目前已有较先进的电子传感器及信号转换系统用于播种机的阻力测定。

2. 播种机所需功率估算

测定阻力可以用式(4-1)计算播种机所需功率：

$$N = \frac{Pv}{1\ 000}(\text{kW}) \tag{4-1}$$

式中，P 为工作阻力(N)；v 为播种速度(m/s)。

计算得到的功率是拖拉机的牵引功率。在气力播种机上，还应考虑拖拉机动力输出轴带动风机工作所需功率。

本章小结

播种作业是草坪生产过程的关键环节，必须根据草坪作业的技术要求做到适时、适量、满足环境条件，使草种获得良好的生长发育基础。本章介绍了草坪播种作业技术要求、常用草坪播种作业的撒播机、条播机、喷播机的结构和工作原理。

思考题

1. 草坪播种作业的技术要求有哪些？
2. 草坪播种机的类型有哪些？
3. 播种机械作业对播种机有哪些农业技术要求？
4. 简述撒播机的一般构造和工作原理。

第五章 草坪施肥机械

施肥是为了给草坪提供适宜的养分，保证草株长势良好，提高草坪对杂草、病虫害的抵抗能力，还能提高草坪对不良环境的适应能力，如抗干旱等。草坪对施肥作业的要求是肥料要撒布均匀，每株都能得到等量所需肥料，草株生长一致，草坪美观。

草坪肥料的类型较多，有天然有机肥、速效肥、缓释肥、复合肥、混合肥等。天然有机肥以固体为主，主要用作草坪的基肥；速效肥为化学肥料或矿物质肥料，可溶于水，有液体和固体两种形式；缓释肥是一种草坪专用肥，一般在制作时通过包衣，让其缓慢溶解释放；复合肥包括氮、磷、钾三种主要成分，使用比较普遍；混合肥是一种将杀虫、杀菌和除草剂等混合在一起的专用肥。缓释肥、复合肥和混合肥以颗粒为主。

作为草坪基肥的天然有机肥等固体肥料的撒布用传统的厩肥撒肥机即可。本章主要介绍专用于草坪施肥的颗粒肥料撒播机。专用草坪施肥机械应满足下列要求：

①适用于颗粒状、粉状甚至液体肥料，即满足 $17\sim335\ g/m^2$。
②施肥量容易调节，有较大的施肥速率变换范围。
③可以用于已建成草坪的施肥作业和播撒草种作业。
④便于拆卸和清洗，用塑料和其他耐腐蚀的材料制造以减少腐蚀。

草坪施肥有固体颗粒施肥和液体施肥两种，以固体颗粒施肥为主。一般固体颗粒可用草坪播种机撒播，液肥可用喷药机喷播。由于草坪的草种也是小颗粒状，因此，草坪播种和对建成后草坪的补播也多借用草坪施肥机。施肥机械的种类很多，按照施肥方式的不同，可分为便携式、手推式、拖拉机牵引式和悬挂式等；按照施肥机工作原理的不同，可分为传送带施肥机、转盘式施肥机、摆动喷管式施肥机和双辊供料式施肥机。下面介绍几种类型的固体颗粒草坪施肥机。

第一节 传送带式施肥机

一、颗粒肥料的特性

（1）松散性

干燥的颗粒肥料间只有摩擦力的结合，将松散的颗粒肥料自然堆放成一个圆锥时，锥体休止角的大小即可代表肥料的松散程度。锥体自然休止角小的肥料一般都有较好的撒播性能。

（2）吸湿性

颗粒肥料从空气中吸收水分的性质和能力。吸湿性由物料的吸湿点和吸湿的速度系数两个参数表示。在肥料贮存过程中不容许吸收过多的水分，以免给机械化施肥带来不必要的困难。

(3) 黏结性

颗粒肥料黏结、团聚而形成硬块的性质。肥料吸湿或受到一定压力后易结成块或黏结在料斗上。

(4) 架空性

将颗粒肥料放在平面上，从其下部取出一部分，形成洞穴而上部的肥料并不松塌的现象。

二、传送带式施肥机的功用

传送带式施肥机是专用于草坪施肥的颗粒或粉状肥料撒播机。利用传送带和回转的滚刷将颗粒肥料均匀地撒播于草坪上，也可用于建成后草坪的补播。

三、传送带式施肥机的组成和工作原理

1. 组成

如图5-1所示，传送带式施肥机由料斗、转刷、地轮、可调节间隙、驱动轮、橡胶输送带、铰接点、机架、调节螺母、锁紧螺母等组成。传送带式施肥机为步行操纵推行式，主要适用于中小型草坪的施肥作业。

(1) 通用部分

通用部分由机架、地轮等组成。机架为方形钢管，其上安装地轮、施肥装置和手柄等。地轮主要由钢板、轮胎、地轮轴和传动装置等组成。

(2) 肥料箱

因为传送带式施肥机为步行操纵推行式，肥料箱容量不宜过大，所以需要在地头装肥，要求肥料箱上缘高度便于装肥，肥料箱可以绕铰接点旋转。肥料箱设计成横截面为梯形的棱形结构，左右两壁垂直于水平面，前后两壁向外倾斜，其倾斜角度必须大于肥料的自然休止角。

(3) 输肥机构

输肥机构将肥料从肥料箱吸出并送到施肥工作部件，由主动带轮、从动带轮和传送带等组成，主动带轮由推行的地轮驱动，主动带轮和地轮为同步转动，但方向相反，以保证

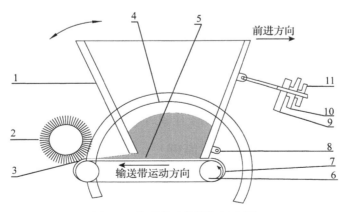

图5-1 传送带式施肥机示意图

1. 料斗　2. 转刷　3. 肥料　4. 地轮　5. 可调节间隙　6. 驱动轮
7. 橡胶输送带　8. 铰接点　9. 机架　10. 调节螺母　11. 锁紧螺母

传送带运动方向和机器前进方向相反。由于传送带速度比较低，要求传动机构有很大的降速比，常采用蜗轮机构或棘轮机构。棘轮传动的优点是机构简单，易于调节，但肥料的移动是间断的，而蜗轮机构则可以使肥料连续移动。

(4) 撒肥部件

撒肥部件将肥料施撒于草坪上，转刷由地轮驱动旋转，将传送带端头的肥料刷向草坪。其线速度与传送带的线速度有一速度差，以保证将肥料刷落。转刷由耐磨的弹性材料制成。

2. 工作原理

作业时，人力或机力驱动地轮旋转，地轮驱动传送带和转刷，颗粒状或粉状固体肥料通过肥料箱倾斜壁与传送带之间的间隙由传送带传出肥料箱，由转刷将传送带端头的肥料刷向草坪。

四、传送带式施肥机特点及施肥量调整

1. 特点

因撒肥部件由肥料箱两边的行走轮传动，其工作幅宽略小于轮迹宽度，使用时必须注意准确的重叠，以保证撒肥带均匀连接。

2. 施肥量的调整

每一型号的施肥机都容许调节施肥量，而传送带式施肥机排肥量计算如下：假如肥料从输送器沿幅宽 B 和高度 H 的撒播缝隙均匀地送出，则排肥量为：

$$Q = kpBHv \tag{5-1}$$

式中，Q 为排肥量(kg/s)；k 为修正系数；p 为肥料密度(kg/m^3)；B 为传送带幅宽(m)；H 为传送带上肥料高度(m)；v 为传送带运动速度(m/s)。

一定型号的施肥机施播特定的肥料时，k、p、B 为定值，其排肥量的调节是通过改变 H、v 实现的。肥料箱与机架的连接是一个铰链及锁死机构，松开锁紧螺母，使肥料箱绕铰链旋转以改变传送带上肥料高度 H。传送带运动速度 v 的调节是通过改变地轮与主动轮同步传动链的传动比实现的。

第二节　转盘式施肥机

一、转盘式施肥机的功用

转盘式施肥机是专用于颗粒或粉状肥料撒播的草坪施肥机，其工作原理是利用高速旋转的转盘将颗粒肥料撒播于草坪，也可用于建成后草坪的补播。

二、转盘式施肥机的组成和工作原理

1. 组成

转盘式施肥机由肥料箱、输肥机构、撒肥部件和传动机构等组成，其为拖拉机悬挂式或牵引式，主要适用于大中型草坪的施肥作业。

因为转盘式施肥机为拖拉机悬挂式或牵引式，肥料箱容量比较大，要求在地头加肥，肥料箱上缘高度便于机械或人工装肥。如图 5-2 所示，肥料箱由钢板做成锥形，尖头朝下，

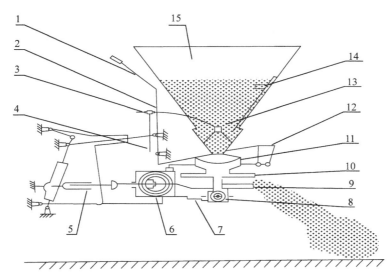

图 5-2 转盘式施肥机示意图

1. 手杆　2. 摇臂　3. 万向联轴器 1　4. 曲柄连杆机构　5. 万向联轴器 2　6. 主减速器　7. 传动链　8. 齿轮减速器　9. 牵引板　10. 转盘　11. 排肥板　12. 分肥装置　13. 振动轴　14. 架空破碎装置　15. 肥料箱

为了在装肥时不掉进大的肥料块，肥料箱顶上盖有网孔为 35 mm×35 mm 的铁丝网，风雨天作业时肥料箱上盖以帆布篷，肥料箱中还装有架空破坏装置和分肥装置等。

输肥机构将肥料从肥料箱吸出并送到施肥工作部件，由分肥装置和施肥量的调节机构等组成。分肥装置由两个活门、锯齿形排肥板和扇形齿板等组成。

如图 5-3 所示，撒肥部件将肥料施撒于草坪上，为一个或几个高速旋转的水平圆盘，其上有沿径向或斜向布置的叶片挡板。

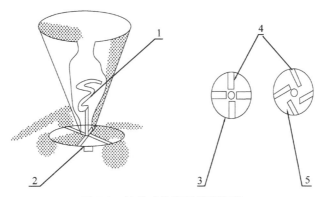

图 5-3 转盘式施肥机撒肥部件

1. 搅拌器　2. 撒肥圆盘　3. 径向安装　4. 撒肥叶片　5. 斜向安装

传动机构由减速器、联轴节、链传动和曲柄连杆机构等组成。

2. 工作原理

作业时，转盘和肥料箱中的搅拌器由拖拉机动力输出轴通过传动机构驱动旋转，肥料从肥料箱与转盘之间的间隙落入转盘，在离心力的作用下，肥料从转盘甩出撒向草坪。转盘式施肥机的施肥幅度随肥料种类的不同而有很大差异，施粉状肥料时，其幅度比施颗粒料小得多。例如，一台料斗容量为 300 kg 的转盘式施肥机，当施粉状肥料时，其施肥幅度为 5 m，而施颗粒料时可达 12 m。为增加施肥宽度，有些转盘式施肥机有左、右两个施肥转盘，配有两个转盘的施肥机比单转盘施肥机撒播量均匀。

三、转盘式施肥机特点及施肥量的调整

1. 特点

单圆盘施肥机肥料在圆盘上的抛出位置可以改变，以便在地边左、右单面撒肥，或在有侧向风时调节撒肥面。双圆盘施肥机两撒肥盘转向相反，可有选择地关闭左或右边撒肥，以便单边撒肥。

如图 5-4 所示，转盘式施肥机在一趟作业中撒下的肥料沿纵向和横向分布都不是很均匀，一般通过重叠作业面积来改善其均匀性。使用划行器容易保证准确重叠，前进速度保持一致也有利于纵向和横向肥料分布均匀。此外，还可以通过将撒肥盘上相邻叶片制成不同形状或倾角使叶片撒出的肥料远近不等或分布各异，以改善其分布均匀性。当撒肥机施撒粉状肥料时采用撒肥挡板，以防粉状肥料漂移，幅宽限制在 4~5 m。

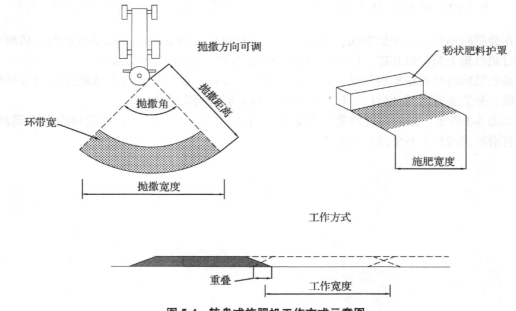

图 5-4 转盘式施肥机工作方式示意图

2. 施肥量的调整

转盘式施肥机排肥量的大小主要取决于排肥活门的开度，用活门改变前后缝隙的高度，活门的位置用手柄和扇形齿板固定。锯齿形排肥板沿肥料箱底完成从一个排肥缝隙到另一个排肥缝隙的摆动，从而使肥料通过前后缝隙排出，转盘的转速必须和活门的开度相适应，以保证及时撒肥和撒肥均匀。转盘转速的调节是通过改变地轮与主动轮同步传动链的传动比实现的。

第三节 摆动喷管式施肥机

一、摆动喷管式施肥机的功用

摆动喷管式施肥机是专用于草坪施肥的颗粒或粉状肥料撒播机,利用快速摆动的喷管将颗粒肥料喷出撒播于草坪,也可用于建成后草坪的补播。

二、摆动喷管式施肥机的组成和工作原理

1. 组成

摆动喷管式施肥机由肥料箱、输肥机构、撒肥部件和传动机构等组成,主要适用于大中型草坪的施肥作业。

因为摆动喷管式施肥机为拖拉机悬挂式,肥料箱容量比较大,要求在地头加装肥料,肥料箱上缘高度便于机械或人工装肥。肥料箱由钢板做成角锥形,箱壁倾斜成 45°~65°,尖头朝下。为了在装肥料时不掉进大的肥料块,肥料箱顶上盖有网孔为 35 mm×35 mm 的铁丝网,风雨天作业时肥料箱上盖以帆布篷。肥料箱中还装有架空破坏装置和排肥装置等。肥料箱的容量从小型的 250 kg 到大型的 2 500 kg 不等。

输肥机构将肥料从肥料箱吸出并送到施肥工作部件,由排肥底板和施肥量的调节机构等组成,排肥底板上有排肥孔,可使肥料进入摆动的喷管中。排肥量的调节机构由调节圆盘、调节杆等组成,调节圆盘上有数个长三角形孔,通过操纵调节杆可带动圆盘旋转,实现排肥量调节。

撒肥部件为一个快速摆动的喷管,由拖拉机动力输出轴驱动偏心装置,实现喷管快速摆动。

传动机构由减速器、联轴节和偏心机构等组成。

2. 工作原理

作业时,肥料箱中的搅拌器由拖拉机动力输出轴通过传动机构驱动旋转,喷管由拖拉机动力输出轴驱动的偏心装置驱动而快速摆动。如图 5-5 所示,通过搅拌,肥料在重力的作用下从排肥底板和调节圆盘上的排肥孔进入摆动的喷管中,并以非常接近于正弦波的形状喷撒在草坪上,其喷洒宽度可大于机器本身宽度 6~12 m。

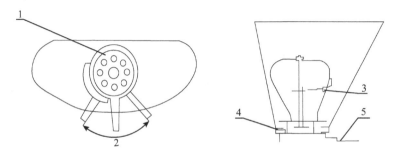

图 5-5 摆动喷管式施肥机工作原理
1. 可调节的底板孔 2. 摆幅 3. 搅动装置 4. 调节阀门 5. 喷管

三、摆动喷管式施肥机特点及排肥量调整

1. 特点

与转盘式施肥机相比，摆动喷管式施肥机用一个可摆动的喷管代替转盘，其喷撒的宽度大于机器本身的宽度。拖拉机三点悬挂式的中央肥料箱撒肥机在运动方向的横向抛撒不均匀，在边沿比较少，所以在使用中要注意准确重叠。使用划行器可保证准确重叠，实现整个面积上肥料分布均匀。

2. 排肥量的调整

摆动喷管式施肥机排肥量的大小主要取决于排肥底板上排肥孔和调节圆盘上长三角形孔的重合面积。如图5-6所示，调节圆盘上的长三角形孔与排肥底板上排肥孔相对应，通过转动调节圆盘，可使调节圆盘上的长三角形孔与排肥底板上排肥孔的重合面积发生变化，从而可调节进入摆动喷管的肥料量。两者的重合面积越大，排肥量也越大；反之越小，甚至完全关闭。调节圆盘的转动由调节杆控制。喷管的摆动速度必须与排肥底板上排肥孔和调节圆盘上长三角形孔的重合面积相适应，以保证及时撒肥。喷管摆动速度的调节是通过改变拖拉机动力输出轴和偏心机构等装置的传动比实现的。

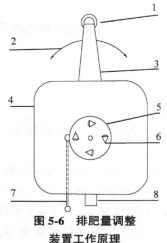

图 5-6 排肥量调整装置工作原理

1. 喷口　2. 管摆动轨迹　3. 喷管　4. 料斗　5. 调节圆盘　6. 长三角形孔　7. 调节杆　8. 上悬挂点

第四节　双辊供料式施肥机

一、双辊供料式施肥机的功用

双辊供料式施肥机是专用于草坪施肥的颗粒或粉状肥料撒播机，利用一对反向旋转的橡胶辊将颗粒肥料排出撒落于草坪上，也可用于建成后草坪的补播。

二、双辊供料式施肥机的组成和工作原理

1. 组成

双辊供料式施肥机由肥料箱、传动装置和输（撒）肥部件等组成，主要适用于大中型草坪的施肥作业。

因为双辊供料式施肥机为拖拉机挂接或牵引式，肥料箱容量比较大，要求在地头加肥，肥料箱上缘高度便于机械或人工装肥。肥料箱做成横断面为梯形的棱形箱，左右箱壁垂直，前后箱壁向外倾斜85°。为了在装肥料时不掉进大的肥料块，肥料箱顶上盖有网孔为35 mm×35 mm 的铁丝网，风雨天作业时肥料箱上盖以帆布篷。双辊供料式施肥机的输肥机构和撒肥机构合为一体，是一对反向旋转的橡胶辊。传动装置由联轴节和变速机构等组成。

2. 工作原理

作业时，肥料箱底部的两个橡胶辊由拖拉机动力输出轴通过传动和变速装置驱动而反向旋转，橡胶辊一边旋转，一边把肥料不断地从肥料箱中推出并撒向草坪（图5-7）。

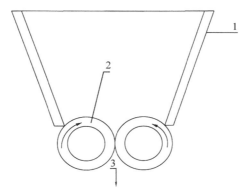

图 5-7 双辊供料式施肥机工作原理
1. 料斗 2. 橡胶辊 3. 出料口

三、双辊供料式施肥机特点及施肥量调整

1. 特点

与其他形式施肥机械相比,双辊供料式施肥机的输肥部件和撒肥部件合二为一,是一对反向旋转的橡胶辊,结构紧凑。

2. 施肥量的调整

双辊供料式施肥机排肥量的大小主要取决于橡胶辊反向旋转的速度,橡胶辊的旋转由拖拉机动力输出轴驱动,其转速是通过改变拖拉机动力输出轴和橡胶辊等装置的传动比实现的。

四、草坪施肥机械的保养

由于草坪所施的肥料大多数是呈酸性或碱性的化肥,与肥料直接接触的零部件受潮后很容易被腐蚀,通常都采用耐酸、碱的塑料、橡胶和玻璃纤维等材料,以减少腐蚀。尽管采用了防腐的材料,但如不注意保养仍会产生排料不顺利、机件运转不良甚至卡死现象,为了保证施肥机的良好状态及其使用寿命,应注意如下方面的保养。

①每次施肥作业以后,应将残留在机器内的肥料清理干净。
②机具使用完以后应放入机具库内。
③在一个施肥周期结束后,应将撒肥作业的工作部件拆下来进行清洗,并注意同时清洗不能拆卸件上残留的肥料。
④所有清洗好的零部件晾干后应涂上机油。
⑤最后,将清洗并涂机油后的零部件安装回施肥机,并用盖布或罩子将施肥机罩住,以防止灰尘落到涂机油的机件上。
⑥在保养过程中,如发现有被腐蚀和损坏的零部件,应立即更换,为下一次使用施肥机做好准备。

本章小结

本章主要介绍了草坪施肥机械。按照施肥机工作原理的不同讲述了四种不同类型的施肥机械并介绍了每种机械的工作原理、组成、特点及操作使用，还讲述了草坪施肥机械的保养要求。

思考题

1. 施肥机械的种类很多，按照施肥方式的不同，可分为哪几种施肥机？按照施肥机工作原理的不同，又可分为哪几种施肥机？
2. 简述传送带施肥机、转盘式施肥机、摆动喷管式施肥机和双辊供料式施肥机的工作原理及组成。
3. 草坪施肥机保养时，有哪些注意事项？

第六章 草坪养护机械

草坪养护对促进草坪的健康生长、保持草坪的整齐美观、充分体现草坪的功能、延长草坪的使用寿命均具有十分重要的作用。草坪养护的主要内容有草坪修剪、草坪透气、病虫害及杂草防治、施肥、草坪梳理、修边、清理等。高质量、高标准的草坪养护，仅靠手工劳动远远不能满足绿化的需要，因此，机械化作业是草坪发展的必经之路。

第一节 概 述

草坪建植后，为保持草坪青翠茂盛、持久不衰，需投入大量人力、物力进行养护管理。除定期进行修剪、喷灌外，还要根据草坪的生长状况定期地、有的放矢地进行施肥、打孔通气、病虫害及杂草防治、梳草、切根、滚压等各项养护作业，才能使草坪长盛不衰，达到可持续利用。因此，草坪修剪机、打孔通气机、施肥机等都是必不可少的草坪养护机械。

一、草坪养护作业的内容

①草坪的定期修剪：保持草坪的整齐美观，充分发挥草坪的功能，促进草坪的健康生长。

②草坪的适时灌溉：满足草坪生长发育所需的水分。

③草坪的合理施肥：提供草坪所需的营养，保持草坪的鲜嫩色彩，增强草坪的活力。

④草坪的定期打洞通气：改善土壤的通气性，刺激草坪根系的生长。

⑤草坪的及时施药：防治病虫害的发生与蔓延，防止草坪的杂草。

⑥草坪的整理：包括梳理、滚压、修边、清洁等，增强草坪的观赏性。

二、草坪养护机械的类型

根据草坪养护作业的内容和形式，草坪养护机械的类型主要有以下几种。

1. 草坪修剪机

草坪修剪机即草坪割草机，用于草坪的修剪，保持草坪草一定的高度和良好的生长条件。适时修剪草坪能促进植株生长发育，阻止植株抽穗、开花、结果，有效地控制杂草的生长和减少病虫害的发生。草坪修剪机在草坪养护机械中占有重要地位，它是数量最多的一种草坪养护机械。科学地选用、规范作业与精心保养草坪修剪机是草坪养护工作的重点。

2. 草坪通气机

草坪通气是通过草坪打洞(孔)实现的，主要机具设备是草坪打孔机。草坪通气养护的作用是草坪更新复壮的一项有效措施，尤其是对人们活动频繁的草坪要经常进行打洞通气养护,即在草坪上用机具打出一些一定密度、深度、直径的孔洞,以延长其绿色观赏期和使用寿命。根据草坪打孔透气要求的不同,通常有扁平深穿刺刀、空心管刀、圆锥实心刀、扁平切根刀等类型的刀具用于草坪打孔作业。

3. 草坪施肥机械

草坪施肥是为草坪提供养分,促进其健康生长的有效措施。利用机械施肥,效率高、速度快、省时省力,且施撒均匀度优于人工作业。施肥机械有撒肥机和撒肥车,通常采用点播、撒播、注射等方式。

4. 其他机械设备

(1) 干燥、排水设备

干燥、排水设备用于黏重土壤或由于运动、娱乐压实严重的草坪,以避免水分过多而影响草坪植株生长。主要有草坪排水机、草坪开沟机、深松鼹鼠犁等。

(2) 滚压机

滚压机用于平整草坪表面和促进草坪的分蘖生长,抑制杂草的滋生。

(3) 修边机

修边机用于草坪边缘的修剪,切断蔓延到草坪界限以外的根茎,保持草坪美观。

(4) 梳草机

梳草机用于除去枯死和多余的草及草根,以保证草坪有足够的生长空间,避免形成垫层。

(5) 清洁机

清洁机是保持草坪美观的养护设备。

第二节 草坪修剪机械

一、草坪修剪作业与修剪机械类型

1. 草坪修剪作业的要求

草坪修剪作业是指定期去掉草坪草枝条顶端的部分枝叶。修剪是草坪与自然草地的根本区别之一,也是草坪养护管理中最繁忙、花费最大、技术要求最高的作业之一。

(1) 草坪修剪作业的目的

①始终保持草坪的整齐美观,并充分发挥草坪的功能。

②可以促进草坪植株的分蘖和扩繁,从而形成致密、富有弹性的草坪表面。

③能防止由于植株生长过高和过密而引起的褐斑病等病害和虫害的发生。

④可以有效地抑制生长点较高的阔叶杂草的生长,使之不能形成花果,从而自行退化、衰亡。

⑤可以增加草坪的通风、透光效果,减少草坪地内的枯枝落叶,促进草坪的新陈代谢,延长草坪的使用寿命。

(2) 草坪合理修剪的要求

若草坪修剪过度,也会造成草坪的退化,因此草坪修剪必须合理进行。

①1/3 修剪原则:草坪合理修剪的基本原则是 1/3 修剪原则,即每次修剪量不能超过

茎叶组织纵向总高度的1/3，也不能伤害根茎，否则会因地上茎叶生长与地下根系生长不平衡，而影响草坪的正常生长。

②合理的修剪高度：修剪高度是指修剪后草坪茎叶的高度，也称留茬高度。合理的修剪高度与草坪草的品种、草坪的类型、草坪草的生长立地条件、气候条件等因素有关。一般来说，越精细的草坪其修剪高度越低，由低到高的大致排序是：高尔夫球场的果岭和发球台草坪<足球场草坪<绿化观赏草坪<护坡草坪。表6-1列出了几种常见草坪草的参考修剪高度。假如草坪草的生长高度已经很高，根据1/3修剪原则，一次修剪达不到规定高度要求时，应分几次进行修剪，逐步降低高度，直至达到规定值为止；并且在每次修剪后，都应让草株有一定的恢复适应期。

表 6-1　几种常见草坪草的参考修剪高度　　　　　　　　　　　　cm

草坪草种	凉爽季节	高温季节	草坪草种	凉爽季节	高温季节
匍匐剪股颖	0.3~1.3	0.5~2.0	冰草	3.8~6.4	6.4~8.9
绒毛剪股颖	0.5~2.0	1.3~2.0	普通狗牙根	1.3~3.8	
草地早熟禾	3.8~5.7	5.7~7.6	杂交狗牙根	0.6~2.5	
普通早熟禾	3.8~5.7	5.7~7.6	结缕草	1.3~5.1	
多年生黑麦草	3.8~5.1	5.1~7.6	沟叶结缕草	1.5~3.5	
苇状羊茅	4.4~7.6	6.4~8.9	假俭草	2.5~7.6	
羊茅	1.3~5.1	3.8~7.6	地毯草	2.5~7.6	
紫羊茅	3.5~6.5	3.8~7.6	纯叶草	7.6~10.2	

③修剪时间和频率应合理：一般来说，草坪草的生长速度与气候条件、灌溉和施肥等因素密切相关。根据草坪草的实际生长速度，尽可能按照1/3修剪原则来确定修剪的时间和频率。对冷季型草坪草，春秋两季的气候条件最适合其生长，可能每周要修剪2次；夏季的气候条件则不利于生长，每两周修剪一次就能满足要求。对暖季型草坪草，夏季生长旺盛，修剪的频率也最高。修剪频率也取决于草坪的修剪高度，修剪高度越低则频率越高，这样才能达到1/3修剪原则的要求。

④合理处理修剪草屑：草屑是修剪机剪下的草坪组织，有三种处理方法可供选择：一是在修剪机上安装集草箱或集草袋，将草屑集中起来，草坪上不留任何草屑；二是修剪机上使用侧排刀盘壳，将草屑排至一边，然后用手动工具或机械将草屑收集起来进行处理，草坪上也基本不留草屑；三是修剪机使用特殊的旋刀，将修剪下来的草屑打得很细，然后撒落在草坪上。由于这种草屑较细，它能在草坪上很快分解，成为很有价值的肥料，既不影响美观，又不会加厚枯草层。草屑处理的一般选择原则是：对高尔夫球场、足球场等草坪，由于运动的需要，修剪时修剪机必须安装集草器，把草屑清除干净；如果剪下的草屑较长，覆盖在草坪上会影响草坪美观，或容易引起病虫害的发生，则应将草屑收集起来，运出草坪。但对普通草坪来说，则应尽可能将草屑归还草坪，进行生态修剪，以减少草坪的施肥量。

2. 草坪修剪机械的类型

草坪修剪机械是草坪机械中使用最普遍、生产量最大，也是类型最多的一种机械。草坪修剪机械可以按切割装置(即切割草株的方式)进行分类；也可以按所配套的动力装置和底盘的形式进行分类。

按切割装置不同，草坪修剪机械可以分成五类，即旋刀式、滚刀式、往复式、甩刀式、盘式等，其中以旋刀式和滚刀式使用最为普遍。

按修剪机操纵方式，草坪修剪机械可以分成三类，即便携式、步行操纵式（手扶式）、乘坐式。便携式主要应用在切割装置为尼龙绳的草坪修剪机上，用于修剪树木、灌木、花坛周围等难于修剪场所的草株，以侧挂式为主。步行操纵式又可分成步行操纵推行式和步行操纵自走式两类，后者是目前使用最为普遍的机型，主要用于中小型草坪的修剪作业。乘坐式则有坐骑式、拖拉机悬挂式或牵引式等，主要用于大中型草坪的修剪，是草坪修剪机械的发展方向。

按配套动力和底盘结构形式可以分为手推式、手推自行式、乘坐式等；按照修剪机动力类别可以分为人力式、内燃机式、电动式及太阳能型式。目前，内燃机式应用最多。在草坪修剪机械的实际命名中，为了全面反映修剪机的结构特征，一般都综合了上面两种分类方法，前半部分表示配套动力和底盘结构形式，后半部分表示切割装置的形式，如步行操纵自走式旋刀草坪修剪机、拖拉机悬挂式滚刀草坪修剪机等。

二、切割装置类型及工作原理

切割装置是草坪修剪机械的核心部件，其性能的优劣直接影响草坪修剪的作业质量。切割装置按照刀片运动的方式分为旋转式和往复式两类，旋转式切割装置又有旋刀式、滚刀式和甩刀式等。

1. 旋转式切割装置

草坪修剪机切割部件工作时做高速旋转运动，该类机械一般运动平稳、振动较小、结构简单，在草坪修剪作业中应用广泛。

（1）旋刀式切割装置

旋刀式切割装置（图6-1）的刀具是在水平面内做高速旋转的旋刀。旋刀为长条形刀片，刀片的一侧为切割刃，刃口一般开有30°刃角；刀片的另一侧以一定形状、一定角度向上弯曲。旋刀可直接安装在发动机输出轴上，或通过带传动与发动机输出轴连接，连接处装有碟形垫圈，起防松作用。

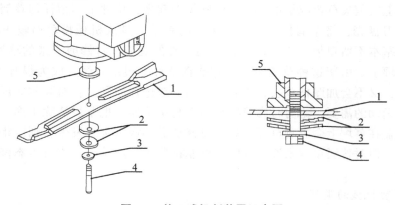

图6-1　旋刀式切割装置示意图
1. 刀片　2. 碟形垫圈　3. 平垫圈　4. 螺钉　5. 刀片承接头（法兰）

旋刀式切割装置属无支撑切割，为保证草坪切割效果，要求旋刀刀片的切割速度高、切割阻力小，以满足旋刀切割草株时其发生弯曲的惯性力和抗弯反力足以抵御切割阻力。试验表明，对于一般草坪草株来说，其最低的临界切割速度为 40~43 m/s。而为了草株不变形，旋刀切草刀刃的圆周线速度应为 60~90 m/s。为了给顺利切割创造良好条件，旋刀式草坪割草机在结构上采取了两项措施：一是单刀切割装置直接与汽油机曲轴输出端相连接，对于带传动的多刀切割装置，传动比也为 1∶1，有时甚至给予增速，保持刀片的高转速。目前装备草坪割草机的汽油机转速都在 3 000 r/min 以上，对于长度在 45 cm 以上的刀片，足以保证其切割速度在临界速度以上。二是将刀片刃口平面的另一侧制成向上翘起的风扇形翼片，使刀片构成一个混流式风机的叶轮，与台壳内腔的形状相配合，在剪草时形成轴向、径向和切向气流。轴向气流能将草株吸起直立，增强了草株的抗弯力，有利于切割。

草坪修剪机切割下来的草屑主要有三种处理途径：一是通过刀盘体的气流送入集草容器收集起来，集草容器有集草袋、集草箱等，它们安装在刀盘侧边的排草口或后边的排草口，也可安装在拖拉机或坐骑式修剪机后面，通过管道与刀盘的侧排草口连接。二是将草屑从侧排草口排放在同侧的草坪上，修剪完毕后再用其他机具收集起来集中处理。三是用改进后的旋刀将草屑进一步粉碎后就地撒在草坪上，用来增加草坪土壤的肥力。

若将旋刀端部的翼片做适当改进，使旋刀翼片在快速旋转时形成向上、向内运动的气流，从而带动被刀刃切下的草屑回转着向上、向内运动。当草屑回转落下时，又经过旋刀的再次反复切割，使草屑粉碎为细小的草屑粒，落到草株根部的土壤上，既省去了修剪后草屑的收集处理工作，又使草坪土壤增加了含水量和有机肥料，这种方法称为生态修剪法，其原理如图 6-2 所示。试验表明，生态修剪法大约可减少 1/4 的施肥量。因此，生态修剪法处理草屑的方法在各种草坪的养护作业中的使用越来越广泛。

(2) 滚刀式切割装置

滚刀式切割装置的主要工作部件由螺旋形滚刀和底刀组成（图 6-3），底刀为定刀，固定在滚刀下方的底梁上，滚刀是动刀，由若干把长条形薄刀片螺旋形固定在圆柱形表面上，形成圆柱形鼠笼的滚筒。

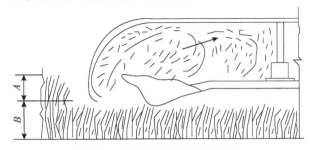

图 6-2 生态修剪法原理示意图

A. 1/3 草株高　B. 修剪高度

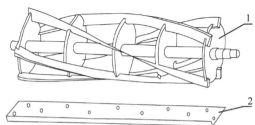

图 6-3 滚刀式切割装置主要工作部件示意图

1. 滚刀　2. 底刀

工作时，滚刀绕滚筒中心轴线旋转，与底刀做相对运动，形成无数把开开合合的双刃剪刀。由于滚刀具有螺旋角，当滚刀旋转时与底刀配合逐渐揽进草株，当滚刀刀刃与底刀刀刃相遇时，以滑切方式把草株剪断，属于有支承切割。因此，滚刀的切割阻力很小，切

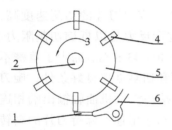

图 6-4 滚刀式切割装置工作原理
1. 底刀　2. 中心轴
3. 滚筒转动方向　4. 刀片
5. 滚筒　6. 护罩

割条件比较好，刀片在较低的速度(7.5 m/s)下就可以切断一般草坪上的草株，其工作原理如图6-4所示。滚刀式草坪修剪机割草的质量主要取决于滚刀上的刀片数和滚刀的转速。滚刀上的刀片数越多，单位长度行进中切割的次数就越多，切下的草就越细，滚刀上的刀片数一般为3~12把，可根据不同的质量要求进行选择。滚刀和底刀的切割间隙可通过改变底刀的高低来调节。调节时，以1 mm厚的纸片的间隙为宜。滚刀的转速也将影响草坪修剪质量，转速越高，修剪的草坪也越精细。滚刀式草坪修剪机适用于修剪高度小、修剪质量要求高的草坪，如地面平坦的足球场草坪、高尔夫球场草坪等。

驱动滚刀旋转的方式主要有三种：第一种是切割装置的行走轮通过一系列齿轮传动增速后将动力传到滚筒上带动滚刀旋转；第二种是由发动机通过传动机构驱动滚刀旋转；第三种是由发动机驱动液压泵，再由马达驱动滚筒，使滚刀旋转。前两种方式中滚刀的转速和割草机的前进速度之间有一个相对固定的最优匹配关系。前进速度快，则滚刀的转速也快，因此修剪质量基本上是稳定的，而后一种方式一般没有固定的匹配关系，需要由操作人员在作业中自行掌握机器的前进速度。

滚刀式切割装置在修剪草坪时有自动收集草屑的功能，因为剪下的草屑能依靠自身的惯性，克服与滚刀刀片之间的摩擦力而甩向集草容器，所以一般不需另设草屑输送装置。

(3) 甩刀式切割装置

甩刀式草坪修剪机的切割装置主要为甩刀，甩刀刀片铰接在旋转轴或旋转刀盘上，当旋转轴或刀盘由发动机驱动而高速旋转时，由于离心力的作用使铰接的刀片呈放射状绷直，端部的切削刃在旋转中切割草叶，其切割原理如图6-5(a)所示。根据修剪作业对象不同，甩刀切割装置的刀片有重型、中型和轻型三种，其结构如图6-5(b)所示。重型的用于杂草和灌木丛生的绿地作业；中型用于割草和割细灌木丛；轻型的用于一般草地作业。这种切割方式与旋刀的切割方式相似，属于无支承切割，因此需要很高的旋转速度，其刀轴转速一般为3 000~4 000 r/min。

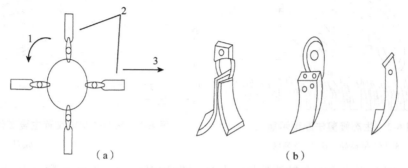

图 6-5 甩刀式切割装置工作原理和结构
(a) 工作原理　(b) 结构
1. 旋转方向　2. 甩刀　3. 前进方向

甩刀式切割装置的特点主要有：

①由于甩刀刀片与刀轴或刀盘是铰接的，在切割中碰到坚硬物体时就会避让，而不损坏刀片或机器，因此对机器本身的安全性要好些，可适用于杂草和细灌木丛生的绿地作业。

②由于甩刀的旋转轴一般是与地面平行的，因此传动系统要比旋刀割草机更简单一些。并且甩刀是把切割下的草屑或其他物体抛向地面，而不是像旋刀那样抛向四周，因此作业安全性也要相对好一些。

③由于甩刀作业时的冲击力大，甩刀式割草机可以修剪高大的野草，甚至细灌木。但在修剪普通草坪时，其修剪质量要比滚刀式和旋刀式的都差。

2. 往复式切割装置

往复式切割装置有标准型和双动割刀型两种结构型式。标准型切割装置（图6-6）的切割副由动刀片和定刀片构成，定刀片为固定底刀，它铆接在护刃器上。动刀片呈六边形，与刀杆连接，由动力驱动做往复直线运动。动刀片与定刀片配合形成剪切刀切削副剪切草株，其原理属有支撑切割。

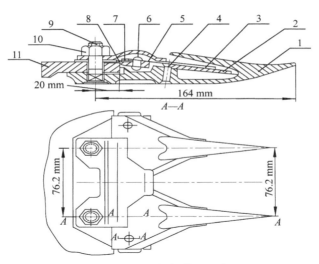

图6-6 标准型切割装置示意图

1. 护刃 2. 定刀片 3. 动刀片 4、8. 铆钉 5. 压刃器 6. 压杆
7. 摩擦片 9. 螺杆 10. 螺母 11. 刀梁

动刀片和定刀片的刃口有光刃和齿刃两种。光刃刀片切割阻力小，但容易磨钝，主要用在草坪割草机上。齿刃刀片比较耐磨，可以修剪灌木，主要用在绿篱修剪机上，刀片结构如图6-7所示。双动割刀型切割装置没有定刀片、护刃器，有两片上下安装而做相对运动的动刀。这种形式切割器的往复运动惯性力能互相平衡，切割质量好，功率消耗也比较少，但其传动系统结构比较复杂，主要用在草坪割草机上。

切割器的传动系统有采用平面或空间的曲柄连杆机构来带动动刀片做往复运动的，也有采用摆环、摆杆或曲柄滑块机构进行传动的。在双动割刀型切割器上，比较多的是采用摆环机构或曲柄滑块机构。常见的往复式切割装置的动力传动系统如图6-8所示。

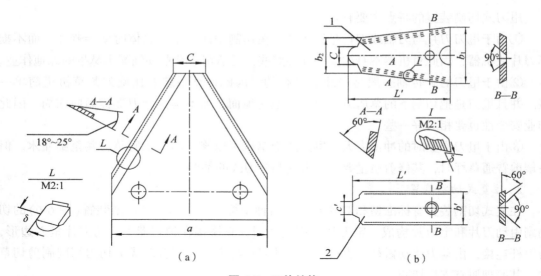

图 6-7 刀片结构
(a)动刀片　(b)定刀片
1. 齿刃　2. 光刃

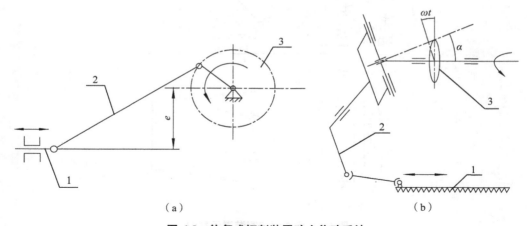

图 6-8 往复式切割装置动力传动系统
(a)曲柄滑块机构　(b)摆环机构
1. 割刀　2. 连杆　3. 曲柄

三、手推式草坪修剪机

手推式草坪修剪机是机器在工作过程中，要依靠操作人员的推行前进来完成作业的一类剪草机，主要有以下几种。

1. 手推式无动力草坪修剪机

手推式无动力草坪修剪机也称人力剪草机。这是一种小型手动剪草工具，具有无振动、无噪声和无污染等优点。国内外均有生产无动力滚刀式草坪修剪机，该机型主要由驱动轮、齿轮传动机构、滚刀、底刀和高度调节机构及操纵手柄等组成，如图6-9所示。使用时，操作人员推动割草机在草坪上运动，在地面滚动的驱动轮使滚刀旋转，滚刀与底刀配合完成剪草作业。

该机适用于庭院、绿岛等小面积草坪修剪,剪草高度可调,一般为 6~25 mm。剪草前,应先清除草坪上的石块、树枝等硬杂物,以免损伤滚刀刃口。这种手推式工具劳动强度大,工作效率低,且其驱动轮在草坪上反复碾压,对草坪破坏较大,修剪质量也不高,只适于小面积草坪要求不高的修剪作业。

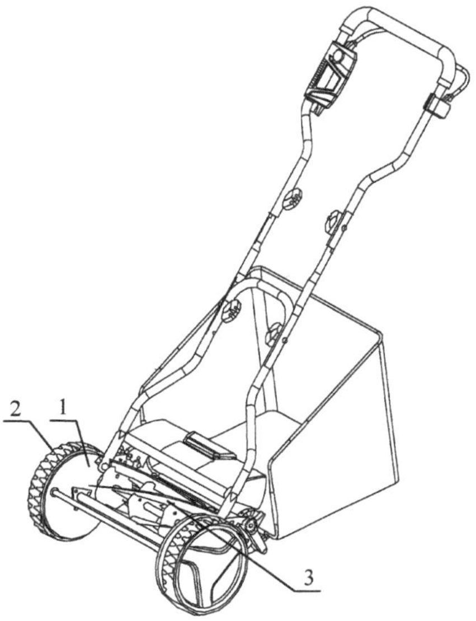

2. 手扶推行式旋刀草坪修剪机

手扶推行式旋刀草坪修剪机不能自己行走,需操作人员推行,其结构简单,只适于在地面平整的小面积草坪上修剪作业。手扶推行式旋刀草坪修剪机由发动机、切割装置、护罩、集草装置、行走装置和操纵装置组成,其结构如图 6-10 所示。

(1)发动机

发动机主要有汽油机和电动机两类,多采用单缸风冷四冲程或二冲程小型汽油机,功率多为 3.8 kW,

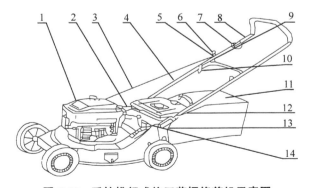

图 6-9 无动力滚刀式草坪修剪机示意图
1. 齿轮传动机构 2. 驱动轮 3. 滚刀

四冲程汽油机虽然质量较二冲程汽油机的大,但由于其工作稳定性高、噪声小、油耗率低、排放的污染少,正逐步替代二冲程汽油机,开始成为步行操纵旋刀式草坪修剪机的主要机型。四冲程汽油机的转速一般为 3 000~4 000 r/min,发动机全部采用风冷。二冲程汽油机运动件的润滑全部采用在汽油中加入一定比例润滑油的混合油雾进行润滑,四冲程汽油机普遍采用飞溅润滑。点火系统全部采用无触点电子点火。启动方式有手拉自回式启动器启动和电动机启动两种方式,较大功率的汽油机大部分都已装有电启动装置。

(2)切割装置

手扶推行式旋刀草坪修剪机的切割装置一般只有一个刀盘,装一把切割旋刀。作业时,切割旋刀高速旋转切割草叶,发动机为卧式布置。旋刀由曲轴直接驱动。旋刀与曲轴的连接有三种方式:一是将旋刀通过螺钉、安全销和压板等直接固定在发动机曲轴的末端,这种连接方法结构简单,但安全性较差;二是通过离合器(离心式离合器、电磁离合

图 6-10 手扶推行式旋刀草坪修剪机示意图
1. 发动机 2. 油门拉线 3. 启动绳 4. 下推把 5. 固定螺栓 6. 启动手柄 7. 油门开关
8. 上推把 9. 螺母 10. 锁紧螺母 11. 集草袋 12. 后盖 13. 支耳 14. 调节手柄

器等)与发动机曲轴相连接,这种连接方式既能减轻启动时的负荷,便于发动机启动,又能在切割过程中保护发动机;三是通过制动离合器与曲轴相连接,当离合器分离时,制动器发挥制动作用,提高作业安全性。

由于切割装置是高速旋转的刀片,当离合器脱开、动力切断后,旋刀在惯性力作用下仍将继续转动,一直到惯性能量全部释放后才能停止。所以在出现紧急情况时,操纵离合器还达不到使旋刀很快停止转动的要求。因此,有些国家在有关旋刀式草坪割草机的安全标准中规定:旋刀应在操作人员采取措施后的3 s内停止转动。显然,这仅靠切断离合器是无法保证的,只有同时设置制动器才能解决这一问题。制动离合器就是为适应这一要求而产生的,其结构形式有好几种,比较典型的是OGURA手扶自走式草坪割草机的制动离合器。它由操纵推杆、摩擦盘、离合器弹簧、刀片安装架、制动盘、止推凸轮、离合盘组成,结构如图6-11所示。离合盘与曲轴花键联结旋转刀片,可以用螺栓安装在刀片安装架上。当制动离合器推杆处于"结合"位置时,摩擦盘在离合器弹簧作用下与离合盘结合。由于摩擦盘和刀片安装架可以一起转动,所以此时刀片与曲轴同转速旋转。当推动推杆

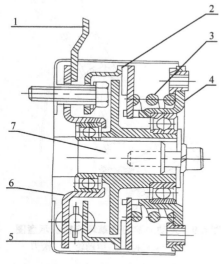

图6-11 制动离合器结构
1. 操纵推杆 2. 摩擦盘
3. 离合器弹簧 4. 刀片安装架
5. 制动盘 6. 止推凸轮 7. 离合盘

到"脱开"位置时,止推凸轮推动制动盘与摩擦盘结合,并推动摩擦盘克服离合器弹簧压力而脱离旋转的离合盘,同时对刀片安装架起到制动作用,使刀片很快停止转动。制动离合器在使刀片脱开动力的同时制动刀片,达到国家安全标准的规定,提高了旋刀式草坪割草机作业的安全性。

(3) 护罩

护罩为涡流形状,是草坪修剪机的支架,为冲压件或浇铸件,既能保护操作人员和行人的安全,又能形成护罩内涡流,起引导气流和草屑流向作用,也便于安装其他部件。

(4) 集草装置

集草装置多为集草袋或集草箱,主要用于收集草坪切下的草屑,常安装在草坪修剪机的后部、侧部,很容易装上和拆下。也有些草坪修剪机不设集草装置,切下的碎草从侧面喷出,均匀地喷撒在草坪上作为肥料。

(5) 行走装置

行走装置主要由行走轮和割草高度调节装置构成。行走轮通过滚动轴承装在行走轮轴上。人工推行时,行走轮具有滚动阻力小、运行平稳和对地面压力小的优点。行走轮通过调节手柄的作用可以改变行走轮与机架底盘的相对高度,从而调节修剪机的剪草高度,如图6-12所示。有的修剪机前后轮之间设联动机构,只要调节其中一个轮

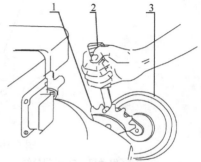

图6-12 草坪高度调节示意图
1. 分度板 2. 调节手柄 3. 行走轮

子就能做到机体的升降,有的需要4个轮子分别调节。

(6)操纵装置

操纵装置主要由推行架、发动机油门控制器组成。推行架的扶手可以折叠,便于存放。发动机油门控制器用于调节发动机的转速,刀盘离合器、制动器的控制手柄用于控制发动机驱动轴与刀盘的结合、分离和制动。

3. 手推气垫式旋刀草坪修剪机

手推气垫式旋刀草坪修剪机,是靠安装在刀盘护罩蜗壳内的离心式风机和旋刀刀片高速旋转时形成的气流来托起整个机器进行修剪作业的。机器的托举高度即为草坪的修剪高度,它可以通过调节气流的气压很方便地进行调节。这种修剪机没有传统的行走装置,发动机也为卧式安置,风机叶片和切割旋刀均安装在发动机曲轴上,结构很简单,图6-13为这种修剪机的示意图。

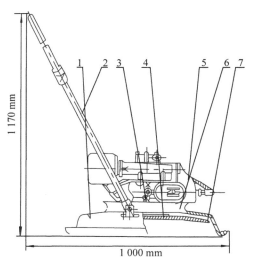

图6-13 手推气垫式旋刀草坪修剪机的示意图

1. 发动机 2. 集流管 3. 把手杆 4. 机壳
5. 旋刀 6. 风机 7. 驱动轴

手推气垫式旋刀草坪修剪机有一些明显的特点:由于工作时不接触地面,修剪时前进阻力很小,因而可大大节省能源,并简化机器结构;由于没有车轮,修剪时不会损伤草坪,特别适合于修剪草根弱的草坪草;机动性能好,小于15 N的力就能推动其转弯和向任何方向移动;在坡地上其稳定性不减,可适应在不平地面上作业,也可胜任对草坪边角地带的修剪作业。因此,这种草坪修剪机具有一定的发展前景。

四、自走式草坪修剪机

自走式草坪修剪机的行走轮通过发动机传动装置获得动力,从而使机器自行行走,操作人员作业时不必用力推草坪修剪机,只要扶持把手掌握其行走方向即可。因此,自行式草坪修剪机能大大减轻劳动强度,提高工作效率。

1. 手扶自走式旋刀草坪修剪机

手扶自走式旋刀草坪修剪机与推行式相比,最大的特点是其行走轮通过发动机传动装置获得动力,从而使机器自行前进,操作人员作业时不必用力推动草坪修剪机,只需扶持把手掌握其行走方向即可。因此,它操作比较省力,对地形的适应性广,主要适用于中小面积草坪的修剪作业,是目前草坪修剪机中使用最广泛的一种机型。手扶自走式旋刀草坪修剪机主要由发动机、切割装置、行走装置及其传动系统、操纵机构、调节装置等组成,如图6-14所示。

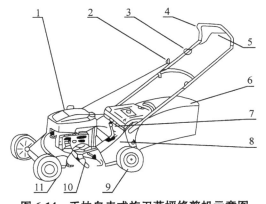

图6-14 手扶自走式旋刀草坪修剪机示意图

1. 发动机 2. 启动手柄 3. 油门开关 4. 手把
5. 离合器拉杆 6. 集草箱 7. 剪草高度调节手柄
8. 机壳 9. 驱动轮 10. 刀片 11. 前轮

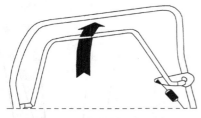

图 6-15 离合器拉杆示意图

(1) 离合器拉杆

自走式旋刀草坪修剪机与手推式旋刀草坪修剪机相比，增设了传动装置和行走离合器，另操纵装置设置了离合器拉杆，通过拉杆控制离合器接合或分离，进而控制修剪机自行前进或自走机构不工作，如图 6-15 所示。

(2) 驱动轮传动装置

传动装置和行走离合器如图 6-16 所示。驱动轮传动装置由皮带传动、螺旋齿轮减速器传动和链传动三级减速机构组成。在发动机曲轴端部，刀片上部安装小皮带轮，在螺旋齿轮减速器的动力输入轴上安装大皮带轮，两者间安装一根三角皮带。三角皮带外部设张紧轮并通过传动机构与手把上的离合器操作杆相连接。扳动离合器拉杆使张紧轮压紧三角皮带时，皮带减速器传递动力，机器前进；放开离合器拉杆，张紧轮在弹簧作用下离开皮带，则动力不能通过皮带传递，机器则停止前进。所以，张紧轮起着行走离合器的作用。

机械传动系统是目前在草坪修剪机中使用最广泛的结构型式。由于汽油机的转速比较高，都在 3 000 r/min 以上，而操作人员的步行速度不会太高，而且修剪机前进速度太高会影响草坪修剪质量，所以行走驱动轮的转速大约只能在 100 r/min，于是从汽油机到行走轮的减速比基本上都要在 30 以上，这么大的减速比一般要通过三级减速才能实现。在机械传动系统中，第一级为 V 带传动，装在发动机曲轴上的主动带轮，通过 V 带和张紧轮把动力传给被动带轮，在这里带传动的张紧轮还可作为离合器使用，操

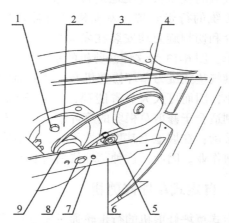

图 6-16 传动装置和行走离合器示意图
1. 发动机 2. 小皮带轮 3. 三角皮带 4. 大皮带轮 5. 张紧轮
6. 刀片 7. 刀片连接螺钉 8. 连轴套防松螺钉 9. 连轴套

纵机构可通过张紧轮控制传动带的松紧，张紧时动力结合，使被动轮旋转，放松时则动力切断，这种张紧装置实际上是一种离合装置。第二级常采用螺旋齿轮减速器传动，一对圆柱螺旋齿轮既有较大的减速比，又能使垂直轴的旋转变成水平轴的旋转，为传给驱动轮的水平轴创造了条件，蜗轮蜗杆传动也有同样的作用，其减速比要更大一些，有时也采用锥齿轮传动改变传动方向。第三级一般为轮边减速齿轮传动，大齿轮直接安装在行走轮轮边，大多是外啮合传动，也有不少是内啮合传动，第三级也有采用链传动的。驱动轮大多为后行走轮，也有少数是前行走轮驱动的。手扶自走式旋刀草坪修剪机的动力传动系统如图 6-17 所示，驱动轮为后轮，具有一定的典型性。

(3) 行走控制装置

自走式草坪割草机一般不设倒挡，即动力结合时驱动轮只能向前，后退时需要操作人员用人力向后拉。因此在驱动轮上安装有单向离合器，以便在行走轮需要反转时能脱开动

第六章 草坪养护机械 101

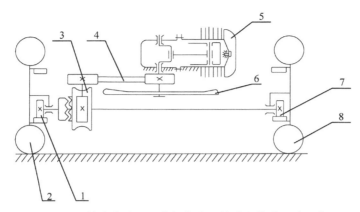

图 6-17 手扶自走式旋刀草坪修剪机的动力传动系统示意图
1. 齿轮传动　2、8. 后轮　3. 蜗轮杆传动　4. 带传动　5. 汽油机　6. 旋刀　7. 齿轮传动

力。单向离合器的具体结构为棘轮式，有外棘爪式和内棘爪式。根据棘爪的形状、数量、安装位置的不同，棘轮式单向离合器的结构也各不相同。美国产自走式旋刀式草坪割草机上的几种单向离合器结构如图 6-18 所示。

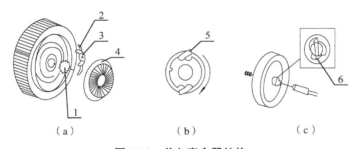

图 6-18 单向离合器结构
(a) 外棘爪式　(b)(c) 内棘爪式
1. 棘轮　2. 弹簧　3、5、6. 棘爪　4. 轮盖

　　大多数自走式草坪割草机的机械式传动系统都只有一个速度。行走的快慢靠控制汽油机的转速进行适当调节。这种调节不但范围很窄，而且要影响旋刀的转速，有时会给作业带来不便。因此，在一部分自走式草坪割草机上使用了变速装置，其结构有两种型式：一种是采用齿轮变速箱，如 JOHNDEERE 有些机型上的 2 速、5 速变速箱，这种变速装置结构复杂，操作不方便；另一种是采用 V 带无极变速器(图 6-19)，它是靠调节张紧轮在传动带上的压力，从而改变带轮的传动直径来调速的。当 V 带的张紧力变大时，带轮的活动半轮克服弹簧压力而向上移动，使有效直径减小。

　　液压传动系统作用在某些比较大型的自走式草坪割草机上，如 MID1416 型全液压传动系

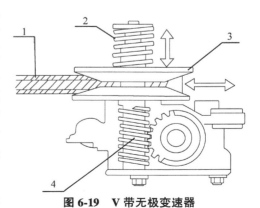

图 6-19 V 带无极变速器
1. V 带　2. 压缩弹簧　3. 带轮的活动半轮　4. 蜗杆

统。其发动机功率为 11.8 kW，在发动机曲轴上安装有两个驱动带轮，一路通过带传动向前把动力传给切割装置，驱动刀片旋转；另一路通过带传动向后传给装在后轮驱动桥上的液压泵。液压泵产生的高压油再驱动液压马达，液压马达可以直接驱动行走轮旋转，使草坪割草机行走。液压传动可以实现无级变速，但由于价格昂贵，目前在手扶旋刀式草坪割草机上还不多见。

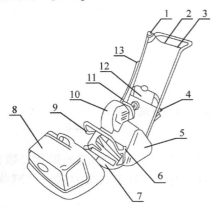

图 6-20　手扶自走式滚刀式草坪修剪机示意图
1. 风门开关　2. 滚刀离合器手柄　3. 主离合器手柄
4. 操作高度调节　5. 变速箱　6. 留草高度调节机构
7. 前支持滚子　8. 集草箱　9. 刀片调节螺母
10. 火花塞　11. 化油器　12. 油箱　13. 启动绳

2. 手扶自走式滚刀式草坪修剪机

手扶自走式滚刀式草坪修剪机是目前使用比较广泛的草坪修剪机，它由发动机、传动系统、离合器行走装置、滚刀切割装置和操纵机构等组成，如图 6-20 所示。

(1) 发动机及传动系统

发动机一般采用四冲程汽油机，发动机的动力经摩擦离合器传给减速器后，一路由传动带传给滚刀轴经离合器驱动滚刀旋转，另一路经两级链传动减速后把动力传给驱动行走轮，使机器自走。皮带的松紧度靠松开螺栓后移动张紧装置实现，链传动的调整则靠一只防松螺母在其侧板槽中上下移动实现，其传动系统机构如图 6-21 所示。这样的传动方案是为了确保滚刀刀刃的圆周线速度与前进直线速度相匹配，而滚刀旋转的结合与分离另有离合器控制。有些滚刀切割装置还设置有制动离合器，当离合器使动力分离时，滚刀能立即制动，以保证作业的安全性。通过 V 带传动至变速箱后分两路，一路通过 V 带驱动行走轮前进，另一路经链传动驱动滚刀旋转，滚刀轴上装有牙嵌离合器，可以切断动力和实现过载保护。

(2) 离合器

自走式滚刀式草坪修剪机有两套离合器，即发动机动力输出离合器与控制修剪机运动的前进离合器。当操作手柄放松后，修剪机和滚刀均能自动停止，从而保证作业的安全可靠。其中，动力输出离合器在发动机和变速箱之间的离合器盖板下面，使变速箱与发动机脱开或结合；前进离合器使修剪机后滚轴与变速箱脱开或结合，实现修剪机运动控制。

(3) 留草高度的调节方法

滚刀离地高度由前支持滚子控制，拧动调节螺旋，通过杠杆机构便可调节前支持滚子的高低，从而达到调节割草高度的目的，其机构如图 6-22 所示。

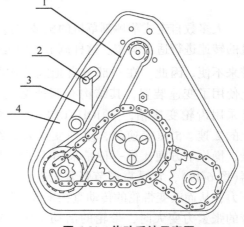

图 6-21　传动系统示意图
1. 齿形带　2. 螺栓　3. 张紧装置　4. 张紧座

3. 坐骑式旋刀草坪修剪机

坐骑式旋刀草坪修剪机是一种乘坐操纵的专门用于草坪修剪的机械，它的特点是发动机上方设有操纵人员坐骑的简单座位。坐骑式草坪修剪机主要由发动机、动力传动系统、行走装置、操纵装置、悬刀切割装置组成。一般用于较大的公共绿地、高尔夫球场、运动场等大型草坪的修剪。生产效率高、修剪质量好、劳动强度低。

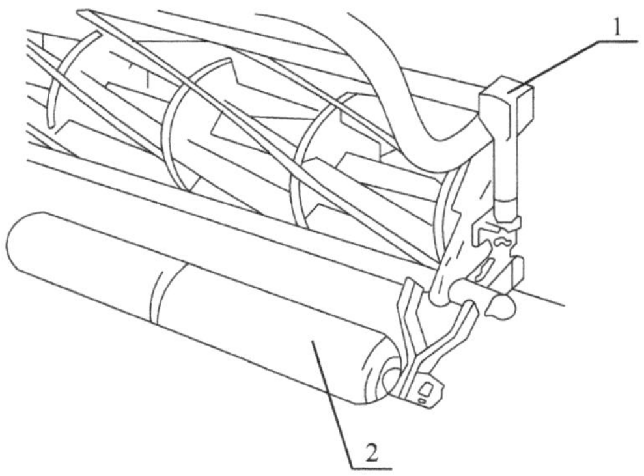

(1) 发动机

发动机以单缸或双缸四冲程汽油机为主，功率为 6~15 kW，结构上采用无触点电子点火系统、飞溅和压力强制润滑系统，以及电启动方式。

图 6-22 留草高度调节机构示意图
1. 调节螺旋 2. 前支持滚子

(2) 切割装置

切割装置按旋刀数量可分为单刀、双刀和三刀，每一把切割刀片都有单独的驱动轮。目前的机型多数为带传动，由一条传动带分头驱动各把刀片，增加刀数的目的是增加切割宽度，刀数越多割幅越宽，三把刀片的最大割幅可达 1.5 m。这样增加刀数的方法不但有利于刀盘体的结构设计，而且有利于刀片的制造、维修和更换。无论是单刀、双刀还是三刀，都组装在一个刀盘体内。切割装置的带传动系统、刀片制动器、修剪高度调节装置、挂接机构等也都安装在刀盘体上，整个刀盘体挂接在拖拉机或小车底盘上，一般刀盘体都由支承轮支承，支承轮的高度可以调节，调节支承轮的高度实际上就是调节刀片的修剪高度，支承轮向上调节，则修剪高度降低，反之则提高。

(3) 切割装置的挂接方式

旋刀切割装置根据挂接或安装的位置常用的有轴间式、前置式等。轴间式是将切割装置安装在拖拉机底盘的前、后轮轴之间，坐骑轴间式旋刀草坪修剪机如图 6-23 所示。它的优点是结构紧凑，操作者的视野好，转向比较灵活，转弯半径相对较小，对安装有支承轮的轴间式切割装置来说，对地面起伏的适应性相对较好，轴间式是目前主要挂接形式。

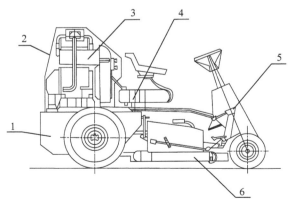

图 6-23 坐骑轴间式旋刀草坪修剪机示意图
1. 后桥 2. 机罩 3. 发动机 4. 燃油箱
5. 操作踏板 6. 旋刀装置

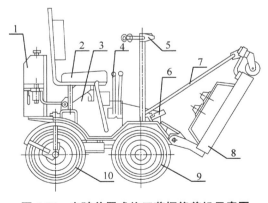

图 6-24 坐骑前置式旋刀草坪修剪机示意图
1. 燃油箱 2. 司机座 3. 发动机 4. 操纵杆
5. 方向控制手柄 6. 操纵踏板 7. 拉杆
8. 切割装置 9. 驱动轮 10. 转向轮

前置式是将切割装置挂接在拖拉机前面,前置式切割装置的刀盘体上都装有支承轮,能使整个切割装置随地面仿形移动,旋刀进行浮动修剪,因此对起伏地面的适应性强,修剪质量比较稳定;操作人员的视野比较好,作业的同时能观察切割装置的工作情况,能及时发现问题,坐骑前置式旋刀草坪修剪机如图 6-24 所示;切割装置在运输状态或需要维修、更换刀片时,可用拉杆挂起,操作很简便。缺点是对拖拉机的灵活性有一定影响,转弯半径相对较大,但是对行走轮有独立液压马达驱动的坐骑式草坪修剪机来说,由于实现了"零"转弯半径,其机动性能特别好,在这样的底盘上普遍采用了前置式切割装置。

(4) 动力传动系统

动力传动系统由机械传动、机械液压传动、全液压传动等多种结构形式,但具体结构要比拖拉机简单一些。机械传动主要采用带传动和齿轮传动相结合的形式,第一级为带传动,第二级为齿轮传动,第三级为锥齿轮和差速器,将动力传输给驱动轮,驱动轮一般为后轮,典型的机械传动系统如图 6-25 所示。

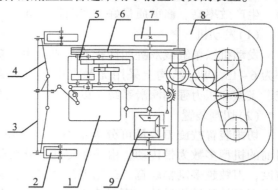

图 6-25 机械传动系统示意图
1. 发动机 2. 转向轮 3. 机架 4. 转向梯形的杆系
5. 减速箱 6. V 带传动系统 7. 驱动行走轮
8. 切割装置 9. 差速器

液压传动可实现无级变速,它由液压泵、液压马达和操纵阀组成。两个液压马达分别装在两个驱动轮轮边,它们由两个液压泵分别驱动,液压泵的流量和流向则由两个操纵阀分别通过操纵杆独立操纵。流量大则车速高;一个流量大,另一个小,则转弯;一个正转,另一个反转,则可实现转弯半径即原地转弯。所以,这种传动方式操作简便,机动性好。驱动轮一般设在前轮。典型的液压传动系统如图 6-26 所示。

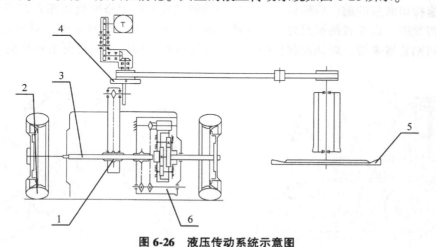

图 6-26 液压传动系统示意图
1. 可移动减速箱 2. 驱动行走轮 3. 后桥半轴 4. 圆盘式无级变速器 5. 旋刀 6. 差速器

4. 拖拉机挂接式旋刀草坪修剪机

这种草坪修剪机的切割装置直接安装或挂接在拖拉机上,并与拖拉机形成一个完整的机器,但是还可悬挂或牵引其他工作装置,进行其他作业,其机构如图 6-27 所示。

拖拉机挂接式旋刀草坪修剪机以轮式拖拉机为底盘，切割装置是由一组旋刀构成的部件，安装在一个刀盘体里边，切割装置悬挂在缩放弓架上，位于底盘的前后支承轮之间，操纵液压缸能使其处于工作状态或运输状态。当切割装置被别的装备更换后，能进行别的作业。缩放弓架的拉杆具有±50 mm 的自由行程，能使切割装置仿照草坪地形上下移动。切割装置的动力来自拖拉机分动箱的动力输出轴，通过链传动、万向节传动轴和锥齿轮减速箱，然后由带轮和 V 带传动到各旋刀，动力传动系统如图 6-28 所示。

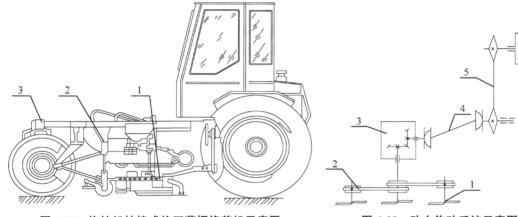

图 6-27 拖拉机挂接式旋刀草坪修剪机示意图
1. 切割装置　2. 缩放弓架　3. 底盘

图 6-28 动力传动系统示意图
1. 切割装置　2. V 带传动　3. 锥齿轮变速箱
4. 万向节传动轴　5. 链传动
6. 拖拉机分动箱动力输出轴

五、电动式草坪修剪机

电动式草坪修剪机以市电或蓄电池作为电源，电动机为动力驱动剪草机作业的草坪机械，这是一种符合环保要求的剪草机。电动修剪机价格便宜、使用方便、噪声小、无排烟、只需少量维护保养，适合低劳动强度或个人家庭的使用。随着自动控制技术、网络技术等的不断发展与应用，草坪修剪机械必将往自动化、人性化、安全环保的方向发展，电动式草坪修剪机具有良好的发展潜力。目前，生产的电动式草坪修剪机有以 220~240 V 为电源，也有以 12 V 蓄电池为电源的草坪修剪机。

电动手持式草坪修剪机在它的机杆中间有一个插转锁扣，用于调整工作装置相对于把手的转动角度，这主要是为了适应草坪切边作业的需要而设置的，可以转 90°和 180°。环形把手的位置可以根据操作人员的需要进行上下调整。电动手持式草坪修剪机的结构如图 6-29 所示。

电动气垫式草坪修剪机由于工作时不接触地面，作业时前进阻力很小，从而可大大简化结构和节省能源，机动性好，小于 15 N 的力就能使它转弯和向任何方向移动，其结构如图 6-30 所示。气垫式草坪修剪机可在不平地面作业，也可胜任草坪边角及交通不便的狭窄地带作业，在 30°坡地上、甚至 45°斜坡上作业有其特殊的优越性。

六、割灌机

割灌机主要适用于林间道旁的不规整、不平坦的地面及野生草丛、灌木和人工草坪的

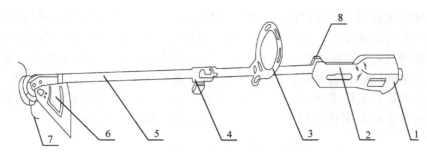

图 6-29 电动手持式草坪修剪机示意图
1. 电动机 2. 右把手 3. 环形把手 4. 插转锁扣 5. 机杆 6. 护罩 7. 尼龙绳切割件 8. 动力开关

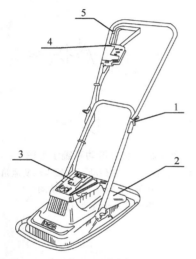

图 6-30 电动气垫式草坪修剪机示意图
1. 折叠把手固定旋钮 2. 气垫室罩(机体)
3. 旋刀监视口 4. 锁定按钮 5. 开关手柄

修剪作业。割灌机修剪的草坪不太平整,作业后场地显得有些凌乱,但它轻巧、易携带和适应特殊环境的能力是其他草坪修剪机无法替代的。

1. 割灌机类别

割灌机的类型,按作业时携带方式可分为手持式、侧挂式和背负式;按中间传动轴类型又可分为刚性轴传动和软轴传动;按动力来源不同分为发动机式和电动式,其中电动式又有电池充电式和交流电操作式两种。

2. 结构及其工作原理

割灌机一般由发动机、传动系统、工作部件、操作系统和背挂机构等部分组成,其结构如图 6-31 所示。发动机一般为单缸二冲程风冷式汽油机,功率为 0.74~2.21 kW。传动系统将发动机的动力传给工作部件,包括离合器、中间传动轴、减速器等。离合器是重要的动力传递部件,主要由离心块、离心块座、弹簧、离合碟组成,其结构如图 6-32 所示。

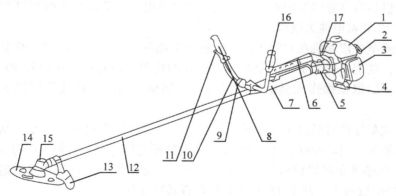

图 6-31 割灌机示意图
1. 燃料箱 2. 启动器 3. 空气滤清器 4. 脚架 5、7. 护套 6. 吊钩 8. 手柄 9. 手柄托架 10. 加油钢丝
11. 加油柄 12. 外管 13. 安全挡板 14. 刀片 15. 齿轮箱 16. 螺形螺母 17. 开关键

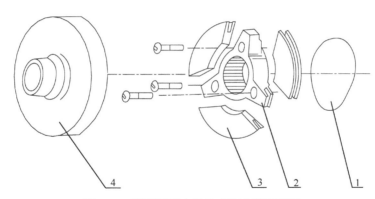

图 6-32 割灌机离心滑块式离合器示意图
1. 弹簧　2. 离心块座　3. 离心块　4. 离合碟

启动发动机，当发动机转速达到 2 600~3 400 r/min 时，在离心力作用下，离心块克服弹簧的预紧力向外张开，因摩擦作用与离合碟结合为一体，离合器即开始工作，传递扭矩。当发动机的转速进一步提高时，离合器能传递发动机发出的最大扭矩和最大功率。离合器传递的扭矩通过传动轴传给减速器，减速器将发动机约 7 000 r/min 的转速降到工作转速，工作部件即进行切割工作。当发动机的转速小于 2 600 r/min 时，由于离心力减弱，弹簧恢复，使离心块与离心碟分离，离合器即停止工作，不再传递扭矩。离合器结合时发动机的转速称为啮合转速。工作时发动机的转速必须大于啮合转速。

3. 工作部件

割灌机的工作部件是切割头。切割头主要有整体式刀片、可拆式刀片及尼龙绳割刀等。整体式刀片有 4 齿、8 齿、80 齿、双刃和三刃刀片等。可拆式刀片由刀盘、刀片、防卷圈和下托盘组成。刀片有三片，均匀地安装在刀盘上。每片刀有四个刃口，可反转调头使用。刀片中间有长槽，用于调节刀片在刀盘外的伸出长度。切割嫩草时刀片可伸长些，切割老的杂草应缩短一些。安装时，三刃刀片的伸出长度应相同。尼龙绳割草头由壳体、尼龙绳、绳盘、轴、揿钮等组成。

4. 常见的草坪割灌机

（1）硬轴侧挂式割灌机

硬轴侧挂式割灌机由动力机、离合器、吊挂机构、中间传动轴、套筒、把手和操纵机构、减速器、切割装置组成，其结构如图 6-33 所示。工作时，操作人员把吊钩挂在身上，双手握住把手，切割装置向前。控制把手左转或右转，就能使硬轴连同切割装置往左或往右摆动。其工作幅宽一般可达 1.5~2.0 m。在割野杂草和软枝条时，可以先从左到右，再从右到左连续切割。在割单独的根茎较大的灌木或林木时，要按次序一棵一棵的割。对于根茎小于 8 cm 的灌木，可单向切割。对于根茎大于 8 cm 的灌木和小树，要先开下锯口，然后锯切上茬口。操作人员在工作时应保持正确姿势，把手与传动轴稍偏置，使两手能平衡施力。作业时应时刻注意安全，若当锯片被卡住时，应关小油门，待锯片被脱开动力停止转动后，再抽出锯片。

（2）软轴背负式割灌机

当割灌机的质量较大时，或者对乔木进行打枝整枝需用一只手抓住切割工作装置，而另一只手抓住枝条进行作业时，需要把割灌机背在身上，这样的背负式割灌机必须设置软

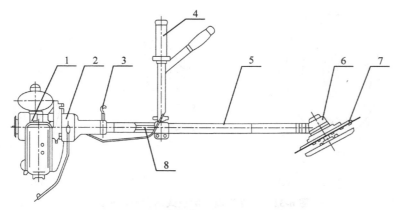

图 6-33 硬轴侧挂式割灌机示意图
1. 动力机 2. 离合器 3. 吊挂机构 4. 把手和操纵机构 5. 套筒 6. 减速器 7. 切割装置 8. 中间传动轴

轴进行传动。背负式割灌机由单缸风冷二冲程汽油机、离心式离合器、传动软轴、切割装置硬轴、护套和背挂构件等组成,其结构如图 6-34 所示。有的割灌机软轴短,有的割灌机软轴长或分两段。例如,用于对树木进行整枝作业的割灌机,其软轴就很长,分两段较好。割灌机所用的软轴属于动力传动轴,主要用来传递转矩。钢丝软轴由轴本体、护套和轴端接头组成。轴本体由多组钢丝分层卷绕而成,钢丝直径一般在 0.3~3 mm,钢丝绕成的轴本体在护套内工作。

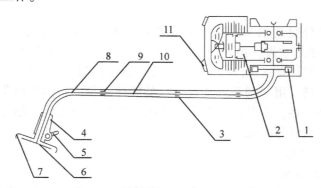

图 6-34 软轴背负式割灌机示意图
1. 离心式离合器 2. 汽油机 3. 护套 4. 右把手 5. 油门手柄 6. 锯片
7. 防护罩 8. 软轴 9. 含油轴承 10. 硬轴 11. 背挂构件

第三节　草坪通气机械

草坪土壤极易板结,因而阻碍了空气、水和养分穿透草毡层和土层到达根系,极大地影响草坪草的健康生长,尤其是对人们活动娱乐频繁的草坪要经常进行草坪打孔通气养护。草坪打孔通气养护是草坪复壮的一项有效措施,目的是消除土壤板结,使草地透气,有助于空气、水和养分到达草的根系,促进草的根系生长,使草坪更健康,抗旱、抗病虫害能力增强。对草坪的梳理也是为了增强草坪表土的透气性,促进草坪草生长。草坪打孔通气养护是在草坪上按一定的密度打出一些一定深度和直径的孔,使空气和肥料能直接进入草坪植株根部而被吸收。这项作业人工难以完成，需要借助专用的草坪打孔通气机械来完成。

一、用于草坪通气打孔的刀具

1. 草坪通气用刀具

草坪通气养护作业的刀具有扁平切缝刀、扁平尖角切缝刀、实心圆锥刺钉、侧开口空心管刀、叉式空心管刀等。图6-35所示是草坪通气用的几种主要刀具。

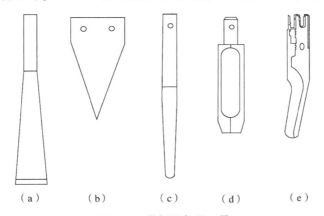

图6-35 草坪通气用刀具
(a)扁平切缝刀　(b)扁平尖角切缝刀　(c)实心圆锥刺钉　(d)侧开口空心管刀　(e)叉式空心管刀

①扁平切缝刀：用于在草坪上切出窄缝，使土壤通气，切断草株侧根，有的还能进行深层土壤的耕作。

②实心圆锥刺钉：仅用于土壤较疏松或土壤湿度较大的草坪，靠实心锥在草坪面留下孔，孔的四周被压实，目的是尽快干燥草坪表面的积水，让水流入洞中，主要是扎孔排水，也起一些通气作用。许多打孔机上实心锥和空心管刀是可以互换的，根据需要和土壤状况进行选用。

③空心管刀：用于草坪的打孔通气，由于刀具为空心圆管，除了切根外，打孔时可以将孔中的旧土壤带出，实现在不破坏草坪的情况下更新草坪土壤，并且孔内和孔壁土壤是疏松的，有利于肥料进入草坪下的草株根部，加快水分的渗透和空气的扩散。因此，目前都采用空心管刀进行草坪的打孔通气作业。叉式空心管刀在结构上更优于侧面开口的空心管刀。

2. 草坪通气机械

根据通气刀具的结构不同，草坪通气机械分成切缝通气机和打孔通气机两大类。草坪打孔通气机械按驱动力不同可分为手动打孔机和机动打孔机，机动打孔机又可分为直插式打孔机和滚动式打孔机等。

①切缝通气机的刀具为扁平尖角切缝刀或平口扁平切缝刀：以尖角切缝刀为通气刀具时，切缝通气机的工作装置是旋转的，在草坪上滚动切缝，其具体结构是在一根水平轴上固定安装有许多间距相等的圆盘，在圆盘的径向用螺栓紧固6~8片尖角切缝刀，刀片在盘上均匀布置，圆盘与圆盘错开一个刀片安装，使刀片在主轴上呈螺旋线排列，刀轴通过重型轴承与机架相连接。作业时，刀轴上与地面接触的尖角切缝刀在自身质量及附加配重

的重力作用下插入草坪土壤，机具前进时，在牵引力的作用下，有尖角切缝刀插入土壤的刀轴就向前滚动，随着刀轴的滚动，切缝刀连续不断插入草坪土壤，在草坪上切出一定深度和一定长度的窄缝，窄缝的数量和疏密程度是根据要求而确定的。刀片切入草坪后，将草株侧根切断，虽然是间断式切割，但能达到阻止草坪根系过密而影响草株生长的目的。同时，空气又可以从刀片的切缝进入草株根部，起到通气的作用。但是，在切缝时不会对土壤进行疏松，并且封闭的土层密度还比原先略有提高，所以通气的作用不够大。

②草坪进行通气养护作业主要采用打孔通气机：打孔通气机的刀具是空心管刀。根据刀具在作业时的运动方式，打孔通气机分成垂直打孔通气机和滚动打孔通气机，这两种打孔通气机都可以有步行式操纵和乘坐式操纵。

二、手动打孔通气机

手动打孔通气机结构简单，如图6-36所示。由一个人操作，作业时双手握住手柄，在打孔点将中空管刀压入草坪底层到一定深度，然后拔出管刀，打孔就算完成。由于管刀是空心的，在管刀压入地面穿刺土壤时芯土将留在管刀内，再打下一个孔时，管芯内的土向上挤入圆筒形容器内，该圆筒既是打孔工具的支架，又是打孔时芯土的容器，当容器内芯土积存到一定量时，从其上部开口端倒出，打孔管刀安装在圆筒的下部，由两个螺栓

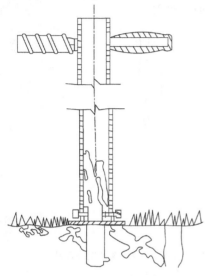

图6-36 手动打孔通气机示意图

压紧定位。松开螺栓，管刀可上下移动用于调节不同的打孔深度。

手动打孔通气机工具主要用于机动草坪打孔机不适宜的场地及局部小块草地，如绿地中树根附近、花坛四周及运动场球门杆四周的打孔通气作业。

三、直插式草坪打孔机

直插式草坪打孔机打孔刀做垂直上下运动，刀具的往复运动是由发动机的旋转运动通过曲柄滑块机构或者间歇机构实现的，使打出的通气孔垂直于地面而没有挑土现象，从而提高打孔作业质量。如图6-37所示为刀具垂直运动的草坪通气机，它主要用于草坪打孔质量要求很高的绿化地带作业，如高尔夫球场的球穴区草地。这种草坪打孔机打孔通气结构复杂，能耗和造价都很高。

由于打孔机的刺入和拔出需要一定的时间，而机器始终是以一定速度前进，在此期间，打孔刀若随机器一起前进，必然将孔拉长，并对土壤产生挤压，并在拔出过程产生挑土现象，破坏草坪的美观。因此，垂直打孔装置设有补偿机构，使打孔过程中打孔刀以与机器相同速度相对于机架向相反方向移动或摆动，在打孔时打孔刀相对地面处

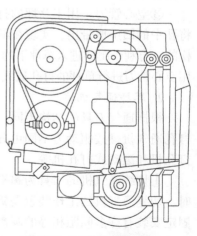

图6-37 刀具垂直运动的草坪通气机示意图

于相对静止状态,当打孔刀离开地面时又可迅速回位,为下一次打孔做好准备。

另一种刀具垂直运动草坪通气机以拖拉机动力输出轴为动力,挂接在拖拉机的液压悬挂装置上,结构与工作原理基本与上述相同,打孔作业时要求拖拉机的前进速度必须与刀具打孔作业的补偿速度相一致,否则会发生挑土的现象。

四、滚动式草坪打孔机

滚动式草坪打孔机有手推式、自走式和拖拉机牵引式或悬挂式等几种机型。其工作原理是在滚动的圆辊或圆盘上安装有打孔刀具,当圆辊或圆盘在草坪上滚动时,打孔刀具依次压入和拔出草坪地面而在草坪上进行打孔作业(图 6-38)。

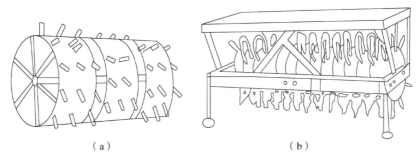

(a)　　　　　　　　　(b)

图 6-38　滚动式草坪打孔机工作部件示意图
(a)通气钉齿辊　(b)通气齿叉

1. 手扶自走滚动式草坪打孔机

手扶自走滚动式草坪打孔机由发动机、镇压辊、行定轮、打孔装置和操纵机构组成,其结构如图 6-39 所示。打孔装置为数排装有打孔管刀的刀盘,刀盘之间由弹簧压紧,在管刀受阻时相对轴可有一定角度的自转使管刀打孔时能容易地插入和拔出草坪,而将损伤草坪的可能性降到最小。发动机的动力通过减速系统传给数排刀盘中的其中一盘,驱动刀盘向前滚动。镇压辊安装在机器的前部,起镇压草坪和给后面的打孔装置导向的作用。行走轮通过手柄上的操纵杆可以升降,用于确定机器的打孔作业和行走运输状态。操纵机构由手柄和各种操纵杆组成。手柄用来控制机器的前进方向。各种操纵杆有行走轮升降操纵杆、发动机节气门(油

图 6-39　手扶自走滚动式草坪打孔机示意图

门)操纵杆和离合器操纵杆等,用来操作打孔通气机的工作。作业时,升高行走轮使打孔机构降到草坪地面上,松开离合器将发动机的动力传给刀盘,驱动打孔机前进,此时整机的质量基本上都转移到打孔管刀上,使之有一个合适的穿刺力。由于行走轮升起,在草坪上不会因为潮湿而留下行走轮的印记。

固定轮刀盘的刀尖运动线速度和行走轮圆周线速度大小一致,自由轮刀盘上的管刀依

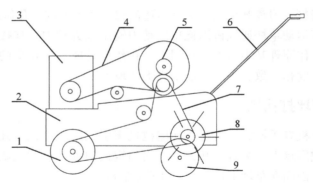

图 6-40 打孔通气机传动系统示意图
1. 驱动行走轮 2. 机架 3. 发动机 4. 带传动 5. 减速齿轮传动 6. 把手架 7. 链传动 8. 刀盘 9. 行走地轮

靠机组重量(不足时加配重)克服阻力而入土,固定轮刀盘依靠驱动力入土,其传动系统如图6-40所示。

2. 拖拉机悬挂式草坪滚动打孔通气机

拖拉机悬挂式草坪滚动打孔通气机(图6-41)的工作装置是无动力驱动的,刀盘同轴安装,盘与盘之间用隔套隔开,两头用弹簧压紧,其压紧力可根据土壤状况进行调节,这样的结构能使管刀在拔出时不会挑土,不会破坏孔口而影响草坪景观。作业时,工作装置降到地面,安装在刀盘上的管刀在重力作用下插入草坪。

随着拖拉机前进,被牵引的工作装置滚动前进,在牵引力矩和重力作用下,空

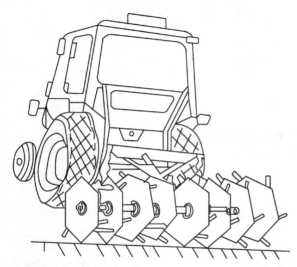

图 6-41 拖拉机悬挂式草坪滚动打孔通气机示意图

心管刀随刀盘的滚动而插入和拔出草坪,完成打孔作业,若重力不够时,还可在机架上加一些配重。管刀从土中拔出时被土塞满,带土管刀离开地面后,管刀中的土芯在旋转运动中会由于离心力而离开管刀,若土芯没有离开的管刀再次插入草坪时,也会被新挤入的草根和土壤挤出,留在草坪上的土芯可用配套的收集运输机收集到牵引小车上运出草坪。

五、梳草机和梳根机

在草坪茎秆和土层之间常会发现一层覆盖物,这层覆盖物是由枯死的根茎叶形成的,称为草毡。草毡主要成分是未分解的叶、茎纤维素。草毡如能保持动态平衡,分解均匀、得当,可以及时为草坪补充多种营养物。但如果草毡不能及时分解,久而久之,草毡越积越厚,就会阻碍土壤吸收水分、空气和肥料,导致土壤贫瘠,影响草的浅根发育,最终造成干旱和冬季死亡。同时,超厚的草毡也是有害昆虫和草坪细菌病的理想藏身之所,且气候条件合适,将引起草株病虫害的发生与蔓延。因此,必要时进行梳草、梳根作业能有效地清除枯草层、改善表土的通气性和透水性,减少杂草蔓延,促进草株健康生长。

先用梳草机梳草,将草毡刮起,然后用梳根机对生长在土层之上、草毡层中的草根加

以剪断、破坏，最后使用打孔机对草坪进行打孔。此时打孔的目的主要是使经过梳草、切根之后受"创伤"草坪的根系迅速向富含养分的土壤中发育。这一养护过程的效果一般在 3 d 之后就可以看到。

1. 草坪梳草机

草坪梳草的目的是将枯死及多余的草株和草根梳除，以保证草坪生长有足够的空间，防止草垫层的形成。草坪梳草机也可以认为是一种耙草强度较轻微的耙草机。草坪梳草机的工作部件主要是梳状弹性钢丝耙。弹性钢丝耙常是草坪拖拉机或园林拖拉机的附属机具，在拖拉机牵引下进行工作，能把枯死的及多余的草和草根梳除，以保证草株生长有足够的空间，并防止草垫层的形成。梳状弹性钢丝耙的机架安装在两个支承行走轮上，机架上方设置配重托盘。小型草坪可选用由小型汽油机驱动的手扶式梳草耙进行梳草。坐骑式草坪梳草机由草坪车或草坪拖拉机牵引作业，本身设有行走轮，机架上方设置配重托盘。

草坪梳草机作业时，刀轴高速旋转，刀轴的刀片接近草坪撕扯草毡并将其抛甩到集草袋或草坪上，待后续养护作业将其清除。梳草的高度可以通过调节刀轴相对于行走轮轴的高度而实现。

2. 草坪梳根机

草坪梳根机用来疏松表土，切割草垫层，耕除草皮中枯草，减少杂草蔓延，改善土壤通气性和透水性，促进新草繁殖。梳根机的工作部件是由按一定间隔和规律装在一根刀轴上的一组刀片组成。刀片有 S 形刀、直刀、甩刀等多种形式。

草坪梳根机工作时，发动机动力经皮带传动驱动刀轴高速旋转，切入土壤，拉去枯草，切断地下草根。扳动升降机构调节把手，可调节行走轮和机架的相对高度控制切刀升降并可调节切入深度。刀片切入时，土壤对刀片的阻力可推动机器自动向前行驶。因此，手扶式梳根机不需发动机动力驱动便可自行行走。

梳根机与播种机、撒肥机联合作业，由草坪拖拉机牵引，可同时完成梳根播种或梳根撒肥作业。

第四节 其他草坪养护设备

草坪除修剪、通气养护以外，还要进行排水干燥、耙草、修边、修整清理等养护作业，对应的草坪养护设备的种类很多，每种机具对于草坪的有效维护管理都有重要作用，尤其是对那些要求较高的运动场型草坪，养护作业显得更为重要。

一、草坪排水机械

草坪排水机械主要有深松鼹鼠犁、草坪排水机、草坪开沟机等。

1. 深松鼹鼠犁

深松鼹鼠犁主要用于由于运动、娱乐压实严重的草坪复壮作业，尤其是对那些黏性土壤的草坪，由拖拉机牵引或悬挂作业。

深松鼹鼠犁有一根很结实的机架，作业时沿地面滑动，一个重型深松齿安装在机架上，一把截面为圆形的犁铧安装在深松齿的底部，在圆形犁铧的后面用短链连接一个截面直径大于圆形犁铧的子弹头形物体作为扩大器。通常在犁铧的前部都安装一把圆盘犁刀用于切开草坪，减少拖拽深松鼹鼠犁时草坪表面的阻力。

当拉动深松鼹鼠犁进入地下时，在草坪地面上划开一道垂直的松土沟，以改善排水性能，并且圆形截面的犁铧在地面下形成一个直径约为 75 mm 的通道，就像鼹鼠在地下打的洞。随后，子弹头形物体扩大器将通道周围的土壤压实，形成一条几乎类似永久性的排水通道。

通常这种深松鼹鼠犁用来连接草坪与塑料或陶土等排水管道系统，形成草坪的排水系统，尤其适用于黏重土壤的草坪。深松鼹鼠犁的作业深度将取决于塑料或陶土管道排水系统的深度，最深可达到 900 mm。

2. 草坪排水机

当在草坪上使用深松鼹鼠犁时，需要特别注意避免表面隆起和破坏。为了不出现这类问题，用一种没有子弹头形扩大器的更轻型深松鼹鼠犁代替深松鼹鼠犁。一个大直径的圆盘犁刀安装在深松犁的前面，用来切开草坪，以避免深松齿撕扯草坪的表面。一个由弹簧加载的辊子安装在机器的后部，其作用是将深松犁切开的草坪推回原位，其结构如图 6-42 所示。

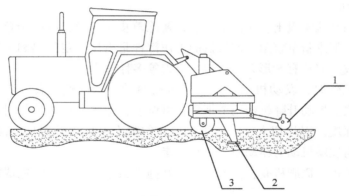

图 6-42　拖拉机挂接的草坪排水机
1. 镇压辊　2. 振动犁铧　3. 圆盘犁刀

草坪排水机作业的深度远比深松鼹鼠犁浅，一般不超过 200 mm。单齿式的草坪排水机由小型拖拉机牵引，30 kW 以上的动力设备可以带动两个或更多的松土齿作业。草坪排水机经常与其他设备一起结合使用，如辊子、开沟机等，作为草坪复壮设备的一部分。

3. 草坪开沟机

草坪开沟机由安装在机架上的开沟装置和装物料的容器组成，机架与拖拉机三点悬挂。开沟机用于在草坪上开一条窄沟，然后在窄沟内填入渗水性良好的物料，形成草坪的排水系统。

作业时，开沟装置上的两个相隔约 50 mm 的垂直圆盘先平行地切割草坪，在两个圆盘之后紧跟着的一把凿形犁铧将草皮翻向一侧，开出一条 50 mm 宽、150 mm 深甚至更深的槽。然后料斗内渗水性物料以重力自由落下填入槽内，最后将草皮移回已填入槽内渗水性物料的上面。不久以后，草皮生长在渗水性物料上。通常用钙化的黏土作渗水性物料。

二、草坪修边机

草坪修边机主要用于草坪绿地边缘的修剪，通过切断蔓延到草坪界限以外的根茎，使草坪边缘线整齐以保持草坪的美观。修边机的主要工作部件为割刀。割刀有圆盘形、"V"形和直角形三种。圆盘刀用于人行道或汽车道边沿，修出平直的边线。直角刀用于球场、砂槽或花床边缘的修边。"V"形刀用于人行道草旁修出条状空地。小型修边机有手扶自行式，大型修边机有拖拉机挂结式，目前手扶自行式使用比较普遍。

1. **手扶式草坪修边机**

手扶式草坪修边机在其前侧面有一个垂直于地面的切割刀片，刀片形状有矩形、三角形、圆盘锯齿形等多种。作业时，刀片由发动机通过传动装置驱动旋转，将一定深度内的草根及表面的草茎切断，达到修整草坪边缘的目的。手扶圆盘式草坪修边机如图6-43所示。其工作装置的刀具为细齿圆盘刀，由小型汽油机驱动旋转。在把手架上设置有切割深度控制机构，可精确地调整圆盘刀的切割深度，同时还可调节圆盘刀的倾斜位置(有四个位置)，可实现草坪边界不同斜面的修整。该机有较宽的前轮，使其稳定性能良好，可在条件较差的场地进行修边作业。圆盘式修边机主要用于人行道或公路边草坪的修边作业，能切出平直的边线。

发动机和修边切割刀片都安装在机架上，机架由行走轮支承，与草坪修剪机调整草坪修剪高度相同，通过调整行走轮与机架的相对位置来调节修边刀的切割深度，如图6-44所示。

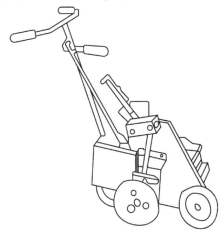

图 6-43 手扶圆盘式草坪修边机示意图

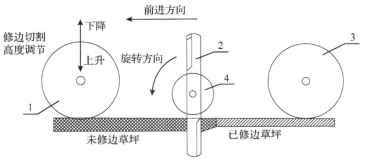

图 6-44 草坪修边机切割高度调整
1. 前轮 2. 修边切割刀 3. 后轮 4. "V"形皮带驱动轮

2. **手持式草坪修边机**

手持式草坪修边机由小型电动机、传动轴、控制装置和修边切割装置组成。作业时，操作人员手持机器，通过接通和切断电源开关控制切割装置的修边刀片旋转，进行草坪修边作业。这种手持式草坪修边机一般用于离电源较近的庭院草坪修边作业，有些也用蓄电池作为这种修边机的电源，其结构与手持式割灌机相同。其工作头上安装的是可旋转的尼龙绳，尼龙绳使用损坏后可更换，如图6-45所示为手持式电动草坪修边机。

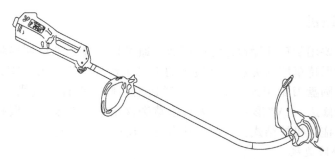

图 6-45　手持式电动草坪修边机示意图

3. 拖拉机挂接式草坪修边机

拖拉机挂接式草坪修边机的修边割刀大多为一个圆盘，作业时圆盘压在草坪边缘随拖拉机滚动前进，将草坪的草根切断而达到修边的目的。这种草坪修边机是草坪拖拉机的一种机具，可以设计安装在拖拉机的中部、前部或后部。

三、草坪耙草机

草坪耙草机是用来除去草坪枯草层的机械。由于堆积在草坪上枯死的根、茎、叶而形成的枯草层阻碍空气、养分渗入土壤，将导致土壤贫瘠、草坪根系向浅层发展，在干旱和严寒季节易导致死亡。同时，由于过厚的枯草层，容易引起草坪的病害和虫害。对草坪进行耙草作业，能有效地清除枯草层，改善草坪土壤的通气透水性，也起到消除杂草、减少杂草蔓延、促进草坪植株健康生长的作用。

草坪耙草机主要有小型手推式和拖拉机牵引或悬挂式等。根据所用动力的大小，小型手推式草坪耙草机有步进手推式和自行式两种，其工作装置主要是在根轴上按一定间隔装有一系列具有一定间距的垂直刀片的刀轴，刀片用硬度较高、耐磨的高碳钢制造，磨损后可更换。刀轴通过传动系统由发动机的动力输出轴驱动，耙草的高度可以通过调节耙草机前部的辊相对于刀轴的位置而实现，辊向上调整，耙草、疏根的深度增大，反之则深度减小。作业时，刀轴高速旋转，刀轴上的刀片接近草坪撕扯枯萎的草叶并将其向前抛甩到草坪上，待后续养护将撕扯下来的枯草清除。有些耙草机在其前部安装有集草装置（集草袋或集草箱），将撕扯下来的枯草排入其中，装满后倒入固定的地点待清除。

按配置的动力不同，耙草机有各种类型。典型的小型手扶式耙草机一般由一台功率为 2.2~3.7 kW 的单缸风冷汽油发动机为动力，耙草宽度为 460 mm 左右。较大型的耙草机可以挂接在拖拉机的三点悬挂系统上，刀轴的旋转由拖拉机的动力输出轴驱动。一台 12 kW 拖拉机挂接的小型草坪耙草机可耙草的宽度为 1.1 m。

四、草坪修整机械

在草坪修剪、打孔通气、草坪梳草梳根等作业或刮大风、下大雪之后，不可避免地给草坪表面留下碎草、泥土、树叶、积雪等杂物，为保持草坪的美观和清洁，必须经常进行清理。针对不同时期、不同作业留下的杂物，可使用吹风式清扫机或吸草机、草坪刷等不同类型的草坪清洁机进行刷扫。

1. 草坪清理机械

草坪清理机械是用于清扫草坪上的垃圾、落叶和草屑的机械。按清扫方式不同，草坪清理机械有机械式、气吸式和吹气式等类型。气吸和吹气都是有效的清扫方式。吹气是通过风机产生的高速气流将垃圾从草缝中吹出来，并可利用风力将垃圾归集在一起，再用其他方式清除掉。气吸则是利用风机产生的负压，将垃圾吸进，并通过气力输送管道将垃圾送入垃圾收集容器。手持式吹气/气吸两用清扫机（图 6-46）由发动机、风机、吹风管、吸嘴、真空上吸管、真空下吸管、真空弯管、垃圾收集袋等组成。发动机为电动机，也可使用风冷二冲程小汽油机，发动机直接驱动风机旋转。当清扫机处于吹气状态时，风机出口处所产生的高速气流，通过吹风管进入吹嘴，吹嘴出口设计为扁平形可使空气流速进一步增加，并吹向地面进行清扫，如图 6-46（a）所示。当清扫机处于气吸状态时，风机进口处所产生的吸力，通过真空上吸管传递到下吸管，并在吸嘴处产生负压，将垃圾吸入，并经弯管送入垃圾收集袋，如图 6-46（b）所示。机器由吹气式改成气吸式时很简单，只要打开真空阀门，装上真空上吸管和真空下吸管；同时把吹气管和吹嘴旋出，换装上真空弯管和垃圾收集袋，即完成改装工作。

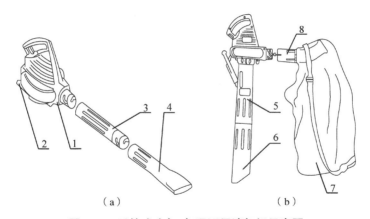

图 6-46 手持式吹气/气吸两用清扫机示意图
（a）吹气状态 （b）气吸状态
1. 发动机 2. 真空阀门 3. 吹风管 4. 吹嘴 5. 真空上吸管 6. 真空下吸管 7. 垃圾收集袋 8. 真空弯管

草坪清扫吸叶机除了通过气吸方式能把草坪上散落的树叶、残草、垃圾等吸除以外，还装有盘式粉碎装置，将吸入的物料粉碎，并通过管道输送到安装在后部的集草袋中，这样就大大减小了垃圾的体积，并便于再利用。

机械清扫方式的工作装置为滚刷，在草坪清理机械上常与气吸式工作装置联用。如图 6-47 所示为自行式草坪清扫车，它既安装有机械式清扫装置（滚刷），又安装有气吸式清扫装置，其工作装置包括垃圾收集箱、气力输送管道、离心式风机、带有滚刷的吸嘴等。滚刷安装在吸嘴前方，由液压马达驱动，当滚刷旋转时，刷子上的尼龙丝能抓住落在草坪上的垃圾、落叶和碎草，将其抛向吸嘴；吸嘴则利用离心式风机产生的负压，将垃圾送入垃圾收集箱。吸嘴和滚刷的高度是可调的，作业时一般调至刚接触到草坪表面的高度为宜。

2. 草坪刷

草坪刷一般由聚丙烯、尼龙、塑料或动物毛等材料制成，广泛用于草坪表面的修整、

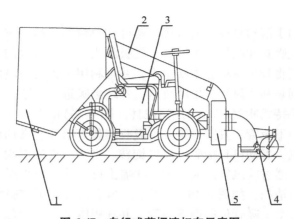

图 6-47 自行式草坪清扫车示意图
1. 垃圾收集箱 2. 气力输送管 3. 拖拉机 4. 带有滚刷的吸嘴 5. 离心式风机

去除娱乐型草坪表面的露珠、驱散草坪土壤中蚯蚓的排出物等。草坪刷一般安装在一个具有三点悬挂装置的机架上,大多数由小型拖拉机悬挂作业,其作业宽度约为 2 m。

3. 草坪辊

表面光滑的草坪辊用来压平和压实草坪,将小石块、蚯蚓排出物压入草坪土壤,尤其是对运动场型草坪,为了在比赛前保证草坪表面具有一定的硬度,需要用草坪辊将草坪表面压实。有时在割草前也进行滚压草坪的作业,避免露出地面的小石块对割草机的毁坏。

草坪辊一般由钢或铸铁制造,具有一定的宽度和直径。有的草坪辊在宽度方向是由两部分组成的,以便在转弯时两个辊可以有不同的转速,避免或减小由于转向时草坪辊在转弯半径方向滚动速度不一致而产生滑动对草坪的损坏。草坪辊有手推式、步进自行式和拖拉机牵引式等几种。大多数草坪辊都有加配重装置,水泥块、沙袋或铸铁块等配重可以根据草坪滚压坚实度的要求放置到加配重装置上。有些草坪辊是密封的,水、沙子、小水泥块等作为配重通过辊侧面的放置孔放置到辊内,以增加草坪辊的质量。用水作为这种草坪辊的配重是比较理想的,加减配重比较容易操作。

通常草坪辊的滚压宽度在 0.6~1 m,由手扶式机械或乘坐式车辆牵引作业。更宽的、较大型草坪辊由大型拖拉机牵引或悬挂作业,其宽度至少在 2 m 以上。草坪辊的质量从小型手推式的 250 kg 至大型拖拉机牵引式的 3 500 kg 不等。

为便于运输,在由拖拉机牵引的大型草坪辊的支架上安装了由液压油缸驱动的、可折叠、伸缩的支承运输装置。需要运输作业时,机架通过液压油缸驱动折叠和伸出,将辊子支承、脱离地面,由机架上的行走轮支承进行运输。到作业地点后,收回折叠支架,辊子落地进行压实草坪作业。

草坪辊的保养主要是定期给机架与辊连接的轴承加注润滑脂,对于以水为配重的草坪辊,在冬季到来之前将水放尽。

4. 草坪修整联合作业机

草坪修整联合作业机是将多项草坪养护作业一次完成。草坪修整联合作业机一般是由草坪拖拉机牵引作业的,在一根纵梁上安装草坪通气装置、草坪梳草装置、草坪刷、草坪辊等草坪养护机具,每一种机具相对纵梁可以调节,以调节草坪养护、修整作业的高度或深度。整个机架通过油缸支承在行走轮上，通过液压油缸的伸缩可以将支承轮在一定范围内折叠和伸直，以实现各种作业和运输状态。

本章小结

本章主要介绍了草坪养护机械。重点应掌握常见的草坪修剪机械、草坪通气机械及其他草坪养护设备，了解草坪养护作业的内容、养护机械类型及作业要求。运用草坪修剪机械切割装置的工作原理，掌握手推式、自走式、电动式等草坪修剪机的结构组成及工作原理。了解草坪通气用刀具的结构与特点，掌握手动、直插式和滚动式草坪打孔机的结构及原理。了解草坪梳草、碎根、耙草、修整及干燥排水等机械的原理与应用。

思考题

1. 简述草坪养护作业的内容与养护机械类型。
2. 简述草坪修剪的目的与要求。
3. 草坪修剪机械切割装置的类型有哪些？分别适用于什么情况？
4. 什么是生态修剪法？该修剪方法有何特点？
5. 手扶推动式修剪机与手扶自动式修剪机结构上的区别有哪些？
6. 简述气垫式旋刀草坪修剪机的工作原理，该机有何特点？
7. 坐骑式旋刀草坪修剪机由哪几部分组成？
8. 草坪通气打孔机的刀具种类有哪些？各自有何特点？
9. 常见的草坪通气打孔机有哪些？
10. 梳草机的功用有哪些？

第七章
草坪植保机械

草坪和其他植物一样，也会受到病虫害及杂草的侵袭，草坪病虫害及杂草是引起草坪外观质量和功能质量退化的主要因素，有时甚至会毁坏整个草坪。随着农用化学药剂的发展，喷洒各种化学药剂是草坪病虫害和杂草防治中的一项有效措施。用于喷洒各种化学药剂以防治病虫害及杂草的机具，统称植保机械（也称病虫草害防治机械或施药机械）。

第一节 概 述

安全、合理、科学使用农药是草坪病虫草害防治的关键，对有效降低防治成本，提高防治效果，改善生态环境，具有显著的效果和效益。但在当前及今后相当长的时期内，化学农药作为病虫害防治的重要措施将不会改变，仍然是最有效的植物保护手段。随着人们对环境保护意识的不断增强，对农药的安全性、环境相容性要求越来越高，在如何减轻化学农药的负面影响，减少农药污染方面做了大量工作。农药的使用并不是一个简单的选择农药和施药量的药物学问题，而是涉及农药制剂、农药行为、生物行为、施药机械、作物生态、气象因素等多方面和多学科的一门系统工程。通过对农药雾滴运动特性、沉积分布状态及害虫行为同农药雾滴运动和沉积分布关系的研究，提高施药机械质量，改进施药技术，进而提高农药利用率，成为提高防治效果、减轻农药污染最经济的重要手段，是减轻农药负面影响、节本增效、保护生态环境的重要途径。

一、草坪病虫害防治方法

病虫害对草坪的生长发育有着严重的危害，目前采用草坪病虫害防治的方法主要有以下几种。

1. 生物防治

利用害虫的天敌和生物间的寄生作用消灭害虫，如利用某些鸟类和蛙类捕食害虫、利用赤眼蜂防止螟繁殖等。此外，通过生物技术培育抗病虫能力强的品种，也是正在积极研究的方法。

2. 物理防治

用温汤浸种消灭病菌，用诱虫灯捕杀害虫，用 X 射线或 γ 射线及微波技术破坏害虫的生殖细胞等。

3. 药物防治

利用化学药剂杀灭病菌和害虫，所用的方法包括喷雾、喷烟、喷粉和将药物混入灌溉水中施入土壤里。药物防治是目前比较普通的病虫害防治方法。

4. 社会性防治

建立海关检疫种子灭菌制度，制定消除病菌滋生环境等的法规及疫情预报、疫区隔离等制度，防患于未然，也是非常重要的。

二、草坪植保机械的作用

草坪病虫害防治主要采用药物防治，防治机械包括施撒药剂的机械及应用物理因素（热量、太阳能、光能、电流和射线等）与机械作用的机具和装置。我国目前使用最普遍、数量最多的是施药器械，随着农用化学药剂的发展，应用喷施化学制剂的机械已日益普遍。这类机械的用途包括：喷洒杀菌剂或杀虫剂防治草坪病害和虫害、喷洒除草剂消灭草坪中杂草、喷施粒状或粉状或液体化学肥料、喷洒药剂对土壤消毒灭菌、喷施生长激素促进草坪的生长等，在这些植保措施中病虫害防治对草坪的影响最为直接，并具有重要的现实意义。

三、草坪植保机械的性能要求

①应能满足草坪在不同自然条件下对草株病、虫、草、鼠害等的防治要求；喷洒部件形式多样化、规格化、标准化、系列化，制造精密，喷洒性能优良，能满足不同生长形态和不同剂型农药的喷洒要求。

②应能将液剂、粉剂、粒剂等各种剂型的农药均匀地分布在施用对象所要求的施药部位上。

③使所施用的农药有较高的附着率、较少飘移损失及环境污染。

④机具应具有较高的生产效率、较好的使用经济性和安全性。

⑤重视生态环境的保护，尽可能减少喷洒农药过程中对土壤、水源、害虫天敌及环境的污染与损害。

因此，草坪植保机械的选择受到许多因素的限制，如防治对象、配备的劳动力、要求防治的面积、防治区域的特点、机具使用的难易程度、要求的作业速度和所能提供的动力（气流流量和速度、供液量和药液压力）等。

四、草坪植保机械的使用要求

大多数农药是有毒的，如果不注意防护，会影响身体健康，造成环境污染，甚至发生人畜中毒事故。因此，植保作业的工作人员必须严格遵守安全守则，注意安全生产，杜绝事故的发生。

①开始工作前，所有工作人员必须了解药剂的毒性和安全防护方法。

②应挑选身体健康者担任操作人员，体弱有病、孕妇和身体暴露部位有未愈合伤口的人员，不得从事施药作业。操作人员应穿戴安全防护用具，喷施剧毒农药时，操作人员应穿长袖衣服，并扎紧袖口，穿长裤和鞋袜，戴口罩和手套。作业后，全部换下并用肥皂清洗干净。

③作业中，严禁吸烟、饮水和进食。作业时的行走路线和喷向须根据风向而定，应从下风处开始喷药。工作完毕，要用肥皂将手、脸等裸露部位洗净，并在漱口后，才能饮水、进食。

④操作人员如果有头痛、头昏、恶心和呕吐等中毒现象时，应立即请医护人员诊治。

⑤施药前，应检查机具有无损坏，有无漏液、漏粉沾染身体的可能。喷施剧毒农药时，如果喷雾机（器）发生故障，必须先用碱水洗净，然后进行检修。

⑥检修喷雾机（器）的管路或液泵时，必须先降低管路中的压力。打开压气式药液箱前，应先放出箱内的压缩空气。

⑦工作中，应经常检查压力表的准确性。喷雾机（器）加压时，不应超过规定的最高压力，以防爆炸。

⑧药物的包装须有显著的标志，注明"毒剂""剧毒剂""不可入口"等字样，并放在封闭的容器中贮运，搬运时应轻拿轻放。药品应妥善保管，严禁任意堆放，存放时不得和食物或饲料同放一处。散落在地上的药物应随即扫净或掩埋处理。盛药器皿不得作其他用途。

⑨应在防治地区内装药，不要在人畜经常活动的地方进行。

⑩对于剧毒农药，应该集中保管，专人负责，不应零星地保存在使用者手中。未用完的剧毒农药要妥善处理，切勿随手乱倒。

⑪施药后，应用明显标志标明在一定时期内，禁止人畜入内。

第二节　草坪喷药机械

适量喷洒一定类型的药剂是草坪病虫害和杂草防治的措施之一。用于喷药作业的机械种类很多，喷药机械通常是按喷施农药的剂型种类、动力配套、操作、携带和运载方式等进行分类。由于在植保作业中主要使用液体药剂，因此主要按喷施药剂的类型和方法进行喷药机械分类。

一、喷药机械的类型

草坪喷药机械按喷施农药的剂型和方法不同，可以分为喷雾机、喷粉机、弥雾机、超低量喷雾机、热烟雾机、拌种机等，其中以喷雾机为最常用。喷雾机按喷雾原理不同，又可以分成液力喷雾机、气力喷雾机（风送喷雾机）、离心喷雾机（超低量喷雾机）、静电喷雾机等。按使用的动力来分类，可分为人力式、机动式和电动式。按机具工作的位置分类，可分为地面作业、航空作业等类型。

1. 喷雾机

喷雾机使药液在一定的压力下通过喷头或喷枪，雾化成直径为 $150\sim300~\mu m$ 的雾滴，喷洒到草坪上。

2. 喷粉机

利用风机产生的气流，使药粉形成直径为 $6\sim10~\mu m$ 的粉粒，喷撒到草坪上。

3. 弥雾机

弥雾机是低容量喷雾机，利用高速气流，将雾滴进一步雾化成直径为 $100\sim150~\mu m$ 的细雾，并吹送到较远处。

4. 超低量喷雾机

利用高速旋转的转盘，将微量原药液甩出，雾化成直径为 $20\sim100~\mu m$ 的雾滴喷出。

5. 热烟雾机

利用燃料燃烧产生的高温气流，使液态药剂蒸发成直径为 $5\sim50~\mu m$ 极细小微粒的烟雾，然后被风机或喷气式发动机产生的高速气流冲击扩散喷出。

6. 静电喷雾机

给喷洒出来的雾滴充上静电，使雾滴与植株之间产生电力，这种电力可以改善雾滴的沉降与黏附，并减少飘移。

二、药液雾化的方法

采用液体药剂防治，应使药剂分散成细小的雾滴喷洒出去。雾滴的尺寸越小，同体积的药液形成雾滴的数量将越多，而总的表面积将越大，因此覆盖面积会越大。雾滴细小可在空中飘浮渗透到各个角落，药液不易流失，药剂的利用率高，可以少加或不加稀释水。当然，若雾滴过小时，在空中飘浮的时间过长，不易沉降，易造成周围环境的污染和药剂流失，故喷洒的雾滴也不宜过小。因此，雾滴大小应从防治效果、药剂利用率和保护环境等角度来考虑。

药液雾滴根据雾滴的中值直径 d 的大小可分为：

烟雾：$d \leq 50$ μm；

弥雾：50 μm $< d \leq 100$ μm；

细雾：100 μm $< d \leq 400$ μm；

粗雾：$d > 400$ μm。

1. 液力喷雾法

将药液加压通过喷头的喷孔喷出，与空气撞击雾化成 100~300 μm 的雾滴。液力喷雾法的雾滴喷洒较远、分布均匀、黏着性较好、受气候影响小。但液力喷雾法需对药液加压，故消耗功率较大；因其雾滴大，需用大量稀释水稀释，故在缺水地区不易采用。

2. 气力喷雾法

利用高速气流将粗雾滴破碎吹散，使之雾化为 75~100 μm 的雾滴，并被气流吹送到远方。气力喷雾法，由于高速气流的作用，使雾滴细小、均匀；药液不易流失，损失小；覆盖面积大，稀释水用量小，防治效果好。气力喷雾法一般在设有风机的背负式喷雾喷粉机或自行式风送喷雾车上采用。

3. 离心喷雾法

利用高速旋转的转盘将药液靠离心力甩开，雾化为 15~75 μm 的雾滴，靠自重沉降在植株上。离心喷雾法由于雾滴极小，不需或加很少量的稀释水，可直接用原药喷洒。因此，工作效率高，劳动强度低，流失极少，可大大节省药剂，是一种防治效果好的施药方法。

离心喷雾法常在手持电动喷雾器上使用，适用于温室、花房施药。在设有风机的背负式喷雾喷粉机上使用时，成为风送式离心喷雾机，靠风机的气流可将雾滴吹送到远方，加大了射程。

4. 发射剂气化法

将药液与发射剂（即容易液化的气体，如二氯二氟甲烷）压缩液化后贮备在耐压容器内。使用时，打开容器针阀，在发射剂蒸发压力作用下，药剂与发射剂一起喷出，随着发射剂的汽化膨胀，药液迅速扩散到空中，很快便冷凝成细小雾滴。这种施药方法与灭火器原理类似，使用方便，但成本高，只用于少量喷洒。

三、草坪喷药机械的选用原则

草坪喷药机械基本上是一种化学药剂的喷洒装置，有其自身的鲜明特点，在选型时必须充分考虑这些特点。

①必须满足防治要求，能够及时地、准确地将适量药剂均匀地分布在施用对象所要求的施用部位，迅速产生防治效果，控制病虫害的蔓延与滋生。按这个要求，无论是液力喷雾机、气力喷雾机，还是超低量喷雾机，基本上都能满足。但为了能够做到及时、迅速，在选择具体型号时应依据防治的面积，充分考虑不同机型的作业效率。一般来说，对中小型草坪可选用手持式、背负式、担架式或步行操纵式喷雾机；大中型草坪则应选用步行操纵式或车载式、拖拉机悬挂式等工作效率比较高的喷雾机。

②必须满足环保要求，尽可能地减少施药量，把污染控制到最低限度。这一要求，随着对环境问题认识的提高，已越来越受到人们的关注。雾滴直径小的超低量喷雾机具有明显的环保优势，应大力推广；其次是气力喷雾机、密封式液力喷雾机、注药机等也具有较好的环保性能。

③必须保证操作人员的自身安全。车载式、拖拉机悬挂式喷雾机应尽可能采用密封驾驶室；便携式、步行操纵式喷雾机的操作人员必须佩戴防护用品，并注意行走的方向。

第三节　草坪喷雾机械

喷雾机的作用是使药液雾化成细小的雾滴，并喷洒到农作物上。喷雾机按其雾化和喷洒方式的不同分为液力式、气力式和离心式。按单位面积施液量的不同，可分为常量喷雾机(每公顷施液量在 450 L 以上)、弥雾机(每公顷施液量 4.5~45 L)和超低量喷雾机(每公顷施液量最多只需 4.5 L)。

一、喷雾机的构造

喷雾机的种类很多，但工作部分的基本构造则大体相同，一般由以下六大部分组成，如图 7-1 所示。

1. 药箱

药箱用来盛装药液，要求材料耐腐蚀以延长其寿命。喷雾机药箱容积有几百升到上千升，为防止药剂沉淀和堵塞通道，箱内还装有混药器和滤网。

2. 压力泵

压力泵是喷雾机的心脏部件，用来压送药液，使药液获得足够的能量和雾化能力，达到一定的射程和喷幅。压力泵分液力泵和气力泵。

3. 空气室

空气室积蓄压力泵的能量，稳定排液压力，故又名蓄能器。

4. 雾化装置

雾化装置将具有一定压力的药液变成雾状喷出，有喷头和喷枪两种。喷头的雾化质量较好，雾滴直径小而均匀，但射程较近(0.5 m)。喷枪与消防水枪相似，它的射程较远(15~20 m)。

第七章 草坪植保机械 125

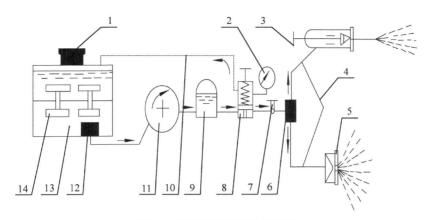

图 7-1 喷雾机工作部分示意图
1. 箱盖 2. 压力表 3. 喷枪 4. 喷管 5. 喷头 6、12. 滤网 7. 开关
8. 调压阀 9. 空气室 10. 回液管 11. 液泵 13. 药箱 14. 搅拌器

5. 调压阀

调压阀使压力泵的工作压力不超过规定压力，也起安全阀的作用，故又名安全阀。在喷雾机上还常装有压力表和开关，前者指示喷雾压力的大小，后者起开关通道的作用（在无调压阀的喷雾器上还起调节喷雾压力的作用）。

6. 管道、滤网和开关

管道、滤网和开关是输送药液、滤去药液中的杂质和开关输液通道。

工作时，药箱中的药液经滤网被吸入压力泵（液泵）中，经压力泵加压后，药液被压至空气室、压力表和调压阀。当开关打开时，大部分药液从调压阀经开关至喷管从喷头（或喷枪）喷洒到植株上；若液泵送出的药液量大于喷洒量时，则剩余部分的药液从调压阀经回液管再流入药箱中。

二、喷雾机主要工作部件

1. 液泵

液泵是对药液加压，使药液达到一定的射程和喷幅，适用于液力喷雾法。液泵的类型很多，常用的有离心式液泵、三缸活塞泵、活塞式隔膜泵、活塞泵等几种形式。

（1）离心式液泵

离心式液泵主要由叶轮、轴、轴承、密封装置等组成，其工作原理如图 7-2 所示。它的优点是排量大、结构简单、工作压力稳定、工作可靠、寿命长、使用维护方便。缺点是压力较低，一般不超过 0.6 MPa。喷洒雾滴较大，普通离心泵没有自吸能力，启动时需加引水。

离心式液泵工作时，需将泵壳和吸水管内灌满药液，将空气排出，当叶轮旋转时，带动泵壳内液体做圆周运动，水在离心力作用下甩向叶轮外缘，经泵壳集中、导流后从出口排出。液体被甩出后，叶轮中心处形成局部真空，药罐内药液在大气压力作用下，从液泵中心处的吸水口进入叶轮。叶轮不断旋转，药液不断排出，药罐内药液不断补充，形成连续不断的排液过程。

（2）三缸活塞泵

三缸活塞泵如图 7-3 所示，因其采用三个活塞泵联合工作，故称三缸活塞泵。三个泵

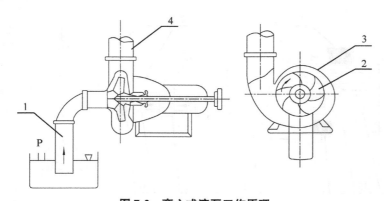

图 7-2　离心式液泵工作原理
1. 吸水管　2. 叶轮　3. 泵壳　4. 出水管

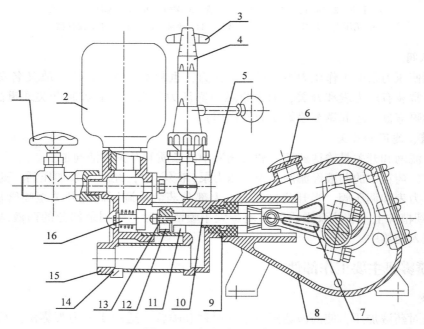

图 7-3　三缸活塞泵示意图
1. 出水开关　2. 空气室　3. 调压阀　4. 压力表　5. 水封　6. 加油盖　7. 连杆　8. 泵体
9. 密封环　10. 活塞杆　11. 泵筒　12. 平阀　13. 活塞　14. 密封环　15. 进水接头　16. 出水阀

的三个缸筒并列一排，三根连杆装在一根曲轴上，互成120°。三缸活塞泵的特点是工作压力高，调压范围广（0~3 MPa），而且自吸能力强，但结构较复杂，排量小。

三缸活塞泵的活塞（图7-4）兼有进水阀的作用，进水阀组由平阀片、胶碗托、胶碗、三角套筒、孔阀组成，胶碗、平阀片和孔阀都装在活塞杆上，活塞除随活塞杆一起运动外，胶碗托可在活塞杆上做少量的轴向移动，起进水阀门的作用。

缸筒前端装有出水阀，出水阀组件如图7-5所示，主要由撞柱、出水阀、出水阀座及密封圈等组成。平时，出水阀在弹簧作用下关闭，只有液泵排液时才打开。

活塞泵工作时，动力机通过皮带传动驱动活塞泵的曲轴，通过连杆带动活塞在缸筒内做往复运动。三缸活塞泵工作原理如图7-6所示，当活塞右移时，由于胶碗与缸筒内壁摩

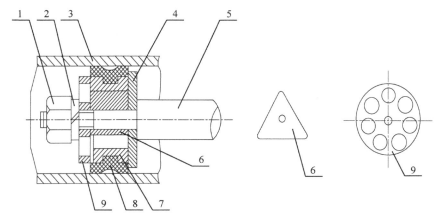

图 7-4 活塞示意图

1. 螺母 2. 垫片 3. 泵筒 4. 平阀片 5. 活塞杆 6. 三角套筒 7. 胶碗托 8. 胶碗 9. 孔阀

擦阻力的作用，使平阀片紧贴在胶碗托上，胶碗托与平阀片间形成一间隙，进水阀开启。此时缸筒左腔形成局部真空，在压力差作用下，右腔内的药液通过进水阀进入左腔，完成吸液过程。

活塞左移时，与吸液过程相反，胶碗托贴紧平阀片，使进水阀关闭，此时缸筒右腔形成局部真空，药箱药液在大气压力作用下经滤网滤清后进入缸筒右腔。与此同时，左腔药液由于受压而将出水阀打开，进入空气室。液泵的活塞不断地往复运动，进入空气室的药液使其中的空气压缩而产生压力，使平阀片受到向左的压力，克服弹簧的弹力向左移动，形成空隙完成排液过程。当打开喷洒阀门时，具有稳定压力的药液便经喷头或喷枪喷出。

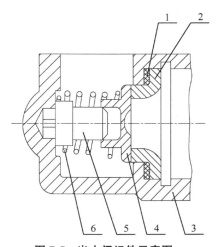

图 7-5 出水阀组件示意图

1. 密封圈 2. 出水阀座 3. 空气室座

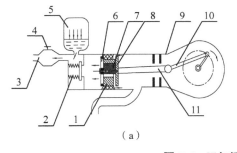
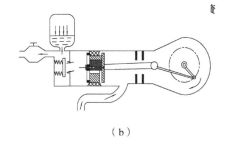

(a)　　　　　　　　　(b)

图 7-6 三缸活塞泵工作原理

(a)吸液过程　(b)排液过程

1. 胶碗及胶碗托 2. 出液阀 3. 出液管 4. 截止阀 5. 空气室
6. 孔阀 7. 三角套筒 8. 平阀片 9. 泵筒 10. 连杆 11. 活塞杆

(3)活塞式隔膜泵

由于活塞式隔膜泵的工作压力高(0.5~4 MPa)，最高甚至可达 6 MPa。采用多缸联合作业时流量也较大（如双缸活塞泵转速为540 r/min 时，其排量为 70~80 L/min）、效率高（可达 70%~90%）、工作稳定。最大的优点是空气室内装有隔膜，将空气与药液隔开，它的运动部件（如活塞、偏心轴等）不与药液接触，故不易腐蚀和磨损，使用寿命长。

如图 7-7 所示，双缸活塞式隔膜泵由泵体、活塞、隔膜、进水阀、出水阀等组成。两个活塞在泵体内左右布置，用隔膜将活塞、机械传动部件与泵腔隔开。活塞式隔膜泵是通过改变泵腔的容积完成吸液和排液过程的，泵腔容积的改变是通过隔膜的拉伸和压缩实现的，当动力驱动偏心轴旋转时，通过滑块推动活塞和隔膜同时做往复运动。当活塞右移时，泵腔容积缩小，腔内药液压力增高，药液推开出水阀排出，完成排液过程。当活塞左移时，工作情况相反，偏心轴旋转一圈，完成两次排液。

（4）活塞泵

活塞泵的结构如图 7-8 所示，工作时操纵喷雾器的手摇杆，使活塞在泵筒内上下往复运动，将药液吸入泵筒，经活塞加压后，压入空气室及喷射部件。

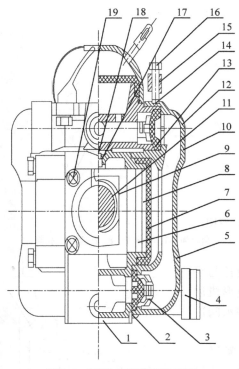

图 7-7　活塞式隔膜泵示意图
1. 泵体　2、17. 垫圈　3. 阀组件　4. 进水接头
5. 泵盖　6. 活塞套　7. 隔膜　8. 活塞　9. 抗磨片
10、13. O 形密封圈　11. 滑块　12. 出水弯头
14. 垫片　15. 夹箍　16、19. 螺栓　18. 螺钉

2. 喷雾喷头

喷雾喷头（喷枪）是使药液雾化和均匀喷射的重要部件，其结构性能直接影响雾化质量和防治效果。通用喷雾喷头分为涡流式喷头、扁平雾式喷头和撞击式喷头三种。涡流式喷头内有导向部分，压力药液通过时产生螺旋运动，形成圆锥雾流进行喷洒，药液雾化程度较好，但射程不远。根据药液雾化过程的不同，涡流式喷头分为切向离心式喷头、涡流芯式喷头、切向进液涡流片式喷头和狭缝式喷头等型式。

（1）切向离心式喷头

切向离心式喷头由喷头体、喷头帽、喷头片等组成。喷头体加工成带锥体芯内腔，喷头内输液斜道与内腔相切，喷头内腔与喷孔片形成涡流室，如图 7-9 所示。

喷孔片中央有一喷孔，喷孔直径有 1.3 mm 和 1.6 mm 等规格。当压力药液经输液斜道沿切线方向进入

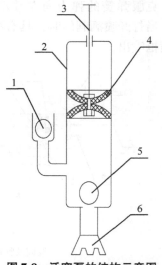

图 7-8　活塞泵的结构示意图
1. 排液球阀　2. 泵筒　3. 活塞杆
4. 皮碗式活塞　5. 吸液球阀
6. 吸液管及滤网

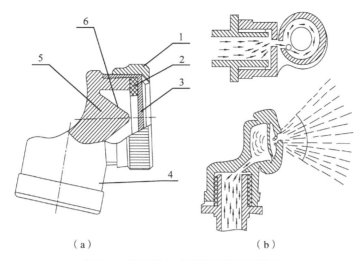

图 7-9 切向离心式喷头及雾化示意图
(a)结构示意图 (b)喷雾过程
1. 喷头帽 2. 垫圈 3. 喷头片 4. 喷头体 5. 输液斜道 6. 锥体芯

涡流室后,便绕着锥体芯做高速螺旋运动,在高速螺旋运动产生的离心力及喷孔片内外压力差的联合作用下,药液从喷孔喷出后形成圆锥形散射状薄膜。距离喷孔越远,液膜越薄,以致断裂成碎片,凝聚成雾滴,此雾滴与空气撞击后进一步破碎成更细小的雾滴。切向进液涡流片式喷头的工作压力范围为 0.15~0.4 MPa,雾滴直径 150~250 μm,喷雾量 0.24~1.0 L/min,雾锥角>60°。由于此种型式喷头结构比较简单,不易堵塞,在手动喷雾器中使用较多,其他机型中应用也很广泛。为了提高效率,并使其能与较大型喷雾机配套使用,除制成单个喷头外,还制成双联、四联喷头,装在同一喷管上。

(2)涡流芯式喷头

涡流芯式喷头的喷头帽中央有喷孔,涡流芯上有螺旋槽,芯的顶部与喷头帽之间有一定距离,构成涡流室,如图 7-10 所示。当高压药液进入喷头沿螺旋通道而高速旋转,进入涡流室时,液体沿螺旋槽方向做切线运动,形成涡流,在旋转中药液以高速从喷孔喷出,与相对静止的空气相撞击而雾化,呈空心雾锥体;涡流芯的螺距越密,构成螺旋通道的截面也越小,流速加大,旋转运动加快,雾粒变细,雾锥体变大,射程变近。有的喷头可调节涡流室的深度,用以改变雾化程度、雾锥角和射程,涡流式可调喷枪就是这种结构。涡流芯喷头的工作压力范围为 0.153 MP,雾锥角 60°~90°,雾滴直径 150~300 μm,用于喷枪和大型风送喷雾机。

(3)切向进液涡流片式喷头

切向进液涡流片式喷头主要由喷头帽、喷头片、垫片、涡流片和喷头体组成。其雾化原理与切向离心式喷头基本相同,主要是以涡流片代替了切向进液槽,如图 7-11 所示。

在涡流片上沿圆周方向对称地冲有两个贝壳形斜孔。喷孔片与涡流片之间装有垫圈,形成涡流室,更换不同厚度的垫圈即可改变涡流室的深度。当涡流室深度变浅时,喷雾较细,射程较近,雾锥角(喷幅)较大。反之,喷雾较粗、喷幅较小、射程较远。

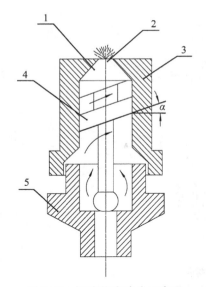
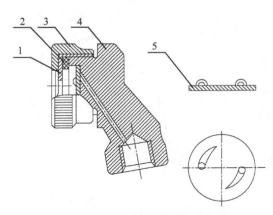

图 7-10　涡流芯式喷头示意图
1. 涡流室　2. 喷孔　3. 喷头帽　4. 涡流芯　5. 喷头体

图 7-11　切向进液涡流片式喷头
1. 喷头片　2. 垫圈　3. 喷头帽　4. 喷头体　5. 涡流片

(4) 狭缝式喷头

狭缝式喷头主要由垫圈、喷嘴和压紧螺母等组成,其结构与雾化原理如图 7-12 所示。这种喷头在喷嘴上开有内外两条互相垂直的半月形槽,两槽相切处形成正方形的喷孔。

当高压药液进入喷嘴后,受内半月形槽底部的导向作用,药液分为两股对称的液流,流至喷孔处汇合时,液流相互撞击成细碎雾滴从喷孔喷出。喷出喷孔后的液流进一步受外半月槽的约束和导向作用,呈扇形雾状喷出,与空气撞击细碎成细小雾滴,喷洒到农作物上。

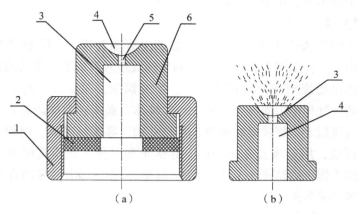

图 7-12　狭缝式喷头
(a) 结构示意图　(b) 雾化原理
1. 压紧螺母　2. 垫圈　3. 外半月形槽　4. 内半月形槽　5. 喷孔　6. 喷嘴

(5) 撞击式喷枪

撞击式喷枪(图 7-13)主要由扩散片、喷嘴、喷嘴帽和喷杆等组成,喷嘴制成锥形腔孔,出口孔径一般为 3~5 mm,具有压力高、喷液量大、射程远等特点。

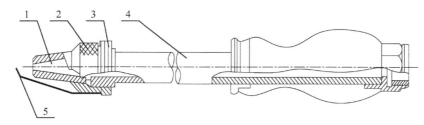

图 7-13 撞击式喷枪示意图
1. 喷嘴 2. 喷头帽 3. 锁紧帽 4. 喷杆 5. 扩散片

撞击式喷枪喷出的雾滴较粗,适用于射程较远的果树、园林和行道树等。如装上扩散片,阻击高速液流加强雾化,可用于近距离喷雾。这种喷头的特点是高压药液在从喷嘴喷出之前没有旋转运动,全靠高速射流与空气撞击而雾化,因而要求的工作压力高,排液量也大。

(6) 冲击式扇形喷枪

冲击式扇形喷枪(图 7-14)主要由喷头帽、垫圈、喷嘴和喷头体等组成。工作时,压力药液经喷嘴喷出后,冲击在导流器(又称反射器)后而形成扇形雾状。其特点是工作压力低,雾滴较粗,可避免飘移,喷雾角大(约 130°),喷雾量大,多用于喷施除草剂。

3. 空气室

空气室(图 7-15)为空心密闭容器,主要作用是积蓄能量、减小对喷射部件的冲击和均衡压力,使药液能以比较稳定的压力均匀而连续地进行喷射,保证喷雾质量。带有空气室的喷雾机(器)在工作中都是向空气室压送药液,使空气室内的空气压缩,然后利用气压把药液排出。

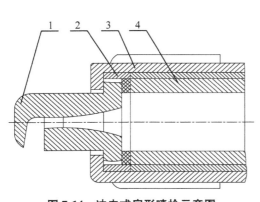

图 7-14 冲击式扇形喷枪示意图
1. 喷嘴 2. 垫圈 3. 喷头帽 4. 喷头体

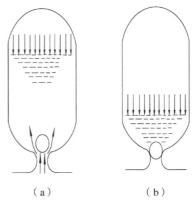

图 7-15 空气室工作原理
(a)活塞排液行程 (b)活塞吸液行程

4. 调压阀

调压阀(图 7-16)用于调节工作压力,以保证喷雾质量,并确保机件不因压力过高而损坏。调压阀由阀门、锥形阀、弹簧、推杆、卸压手柄和调压手轮等组成。弹簧通过弹簧托和推杆把阀门压住,弹簧上端装有一个调压手轮,用于调节弹簧的压缩量以增减弹簧对阀门的压力。当空气室内的液压超过弹簧对阀门的压力时,液体便推开阀门流向回液管,空气室内的压力即下降到调压阀所调节的压力。当空气室内液压下降到低于弹簧对阀门的压

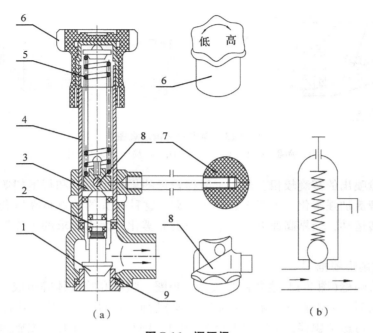

图 7-16 调压阀
(a)结构示意图 (b)调压原理示意图
1. 阀门 2. 推杆 3. 弹簧托 4. 套管 5. 弹簧 6. 调压手轮 7. 卸压手柄 8. 销子 9. 回水体

力时，回流完全停止，调压阀不起作用。在正常工作的情况下，阀门应当在一定的开度下来回跳动，保持回流管有一定的流量，这样才能使空气室内的液体经常保持预定的压力。

工作中，如发生压力不稳定或继续上升超过压力表上最高压力的红线时，可将调压手柄顺时针方向扳足，调压手柄上的斜面通过销子顶起弹簧，即可卸除弹簧对阀门的压力，使空气室内的液体大量回流，压力迅速降低，以免发生事故。

5. 混药器

混药器是利用射流原理将母液（即原药加少量水稀释而成）与水按一定比例均匀混合的装置。射流式混药器（图 7-17）由吸药滤网、T 形接头、射流体、射嘴、衬套和管封等组成。混药器的射嘴接在截止阀前端，扩散管与喷雾胶管相连，工作时靠高压水的射流作用，以一定的比例吸进药液，与水混合成所需的喷洒浓度。射流体上端装有 T 形接头，T 形接头两端的孔径分别为 2 mm 和 4.5 mm，孔径不同，吸母液量也不同，所混合的药液浓度就不相同。使用时，应将不用的孔用管封封住。工作时，打开截止阀，由液泵排出压力为 1 470~2 451 kPa 的高压水流，经过射嘴的小孔时，产生约 50 m 的高速射流，此射流使混药室内形成足够的真空度，将母液由药液桶中吸入混药室与水自动混合。混合液流再经过衬套扩散的过程继续混匀，并能降速增压，然后经喷雾胶管从喷枪喷出。

三、喷雾机工作原理

1. 手动液泵式喷雾器

手动液泵式喷雾器是用人力来喷洒药液的一种机械。它结构简单、使用操作方便、适应性广，在草坪病虫害防治中应用广泛。目前，生产中常见的主要有背负式喷雾器、压缩

第七章 草坪植保机械 133

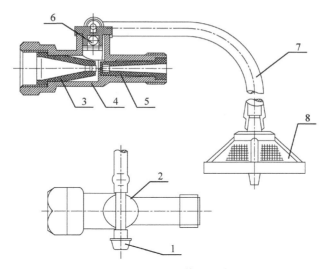

图 7-17 射流式混药器示意图
1. 管封 2. T形接头 3. 射嘴 4. 射流体 5. 衬套 6. 玻璃球 7. 吸药管 8. 吸药滤网

式喷雾器和踏板式喷雾器。但其结构原理大致相同,主要由药液桶、压力泵、空气室及喷头等装置组成。

(1) 背负式喷雾器

背负式喷雾器(图 7-18)以手动液泵作为加压泵,由药液桶、手动活塞泵、空气室及喷洒部件等组成。

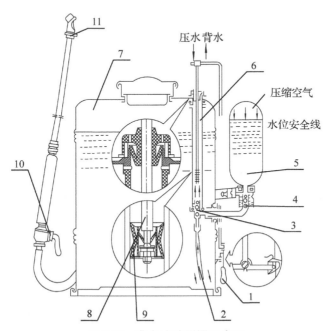

图 7-18 背负式喷雾器示意图
1. 摇杆 2. 吸水管 3. 进水球阀 4. 出水球阀 5. 空气室 6. 泵筒
7. 药液桶 8. 塞杆 9. 皮碗 10. 开关 11. 喷头

工作时，扳动摇杆，通过连杆机构的作用，使活塞杆带动活塞（皮碗）在泵筒内做上下运动。活塞上行时，活塞下腔形成局部真空，药桶的药液冲开进水球阀进入泵筒，完成吸液过程。当活塞经过上止点向下运动时，活塞下腔的药液被挤压，压力升高，进水阀被关闭，出水球阀被打开，药液进入空气室，空气室内空气被压缩。当药液达到安全水位线时，空气室内压力达到 0.8 MPa，此时，打开喷洒开关，具有压力的药液便经输液管从喷头喷洒出去。空气室的作用是使药液有稳定的压力，喷洒均匀连续。

（2）压缩式喷雾器

压缩式喷雾器（图 7-19）是靠预先压缩的气体使药液桶中的液体具有压力的液力喷雾器。压缩式喷雾器由泵筒、塞杆、出气阀、药液桶、套管、喷杆、开关、喷雾软管和喷头等组成。

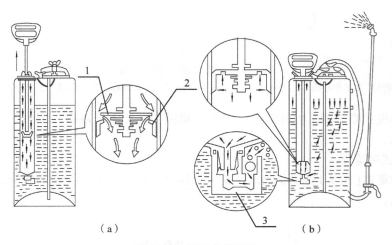

图 7-19　压缩式喷雾器
(a)进气状态　(b)出气状态
1. 进气孔　2. 皮碗　3. 出气筒

压缩式喷雾器是利用打气筒将空气压入药液桶液面上方的空间，使药液承受一定的压力，经出水管和喷洒部件呈雾状喷出。当塞杆上拉时，泵筒内皮碗下方空气变稀薄，压强减小，出气阀在吸力作用下关闭。此时皮碗上方的空气把皮碗压弯，空气通过皮碗上的小孔流入下方。当塞杆下压时，皮碗受到下方空气的作用紧抵着大垫圈，空气只好向下压开出气阀的阀球而进入药液桶。如此不断地上下压塞杆，药液桶上部的压缩空气增多，压强增大。这时打开开关，药液就通过喷洒部件雾化喷出。

（3）踏板式喷雾器

踏板式喷雾器（图 7-20）主要由柱塞泵、空气室、机座、杠杆部件、三通部件、吸液部件和喷洒部件等组成。杠杆部件由踏板、框架、连杆、连杆销、摇杆和手柄等组成，其作用是传递动力，带动框架和连杆，使柱塞在缸体内左右运动，进行吸液和压液的工作。

踏板式喷雾器是通过手柄前后摆动，杠杆、连杆、框架带动柱塞前后运动。当摇杆从右向左拉时，柱塞也从右向左移动，左出液球阀关闭，左柱塞与缸体左腔的容积增大，压力下降，产生局部真空，药液容器内的药液在大气压的作用下，通过吸液头和吸液胶管，冲开左吸液球阀进入缸体左腔筒内。同时，右吸液球阀关闭，右柱塞与缸体右腔筒所组成

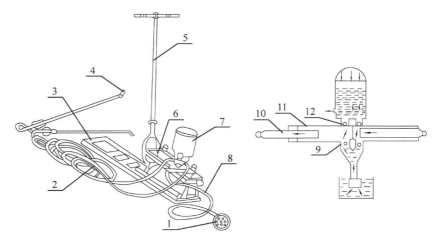

图 7-20 踏板式喷雾器示意图
1. 过滤器 2. 出水管 3. 踏板 4. 喷头 5. 摇杆 6. 双缸往复式柱塞泵
7. 空气室 8. 吸管 9. 进液阀门 10. 柱塞 11. 缸筒 12. 出液阀门

的容积不断缩小，腔筒内的药液压力升高，药液冲开右出球阀而进入空气室。当摇杆向右推时，其作用则相反。如此不断地将药液吸入缸体腔筒内，又从缸体腔筒内压入空气室，空气室的空气受压缩而压力升高。当达到一定压力时，便可打开喷杆上的开关，使药液连续地通过出液三通、胶管、喷杆和喷头喷孔呈雾状喷出。

2. 担架式喷雾机

担架式喷雾机（图7-21）一般包括机架、动力机、液泵、压力表、吸水部件和喷洒部件等部分，有的还配用了混药器。担架式喷雾机配套的喷洒部件与手动喷雾器的喷洒部件相似，主要由喷头、套管滤网、开关、喷杆组合及喷雾胶管等组成。

担架式喷雾机工作原理如图7-22所示，当动力机驱动液泵工作时，水流通过滤网，被

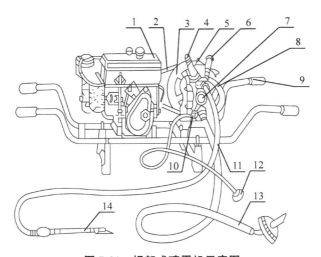

图 7-21 担架式喷雾机示意图
1. 柴油机 2. 三角带 3. 皮带轮 4. 压力指示器 5. 空气室 6. 调压阀 7. 隔膜泵
8. 回水管 9. 机架 10. 混药器 11. 出水管 12. 吸药液管 13. 吸水管 14. 喷枪

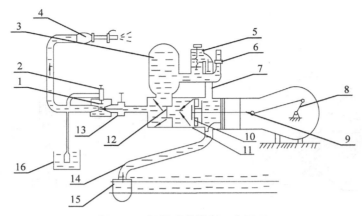

图 7-22　担架式喷雾机工作原理
1. 混合室　2. 混药器　3. 空气室　4. 喷枪　5. 调压阀　6. 压力表　7. 回水管　8. 曲轴　9. 活塞杆
10. 活塞　11. 泵筒　12. 出水阀　13. 流量控制阀　14. 吸水管　15. 吸水滤网　16. 母液桶

吸液管吸入泵缸内，然后压入空气室建立压力并稳定压力，其压力读数可从压力表标出。压力水流通过流量控制阀进入射流式混药器，借混药器的射流作用，将母液（即原药液加入少量水稀释而成）吸入混药器。压力水流与母液在混药器自动均匀混合后，经输液管到喷枪做远程喷射。喷射的高速液流与空气撞击和摩擦，形成细小的雾滴而均匀分布在草株上。当要求雾化程度好及近射程喷雾时，须卸下混药器，换装喷头，将滤网放入药箱内即可工作。另外，当喷头（或喷枪）因液流杂质等原因造成堵塞时，药液喷出量减少，压力升高，则部分药液可从调压阀回流。转移停喷时，关闭流量控制阀，则药液经调压阀溢流到回流管中，做内部循环以免液泵干磨。

3. 喷杆式喷雾机

喷杆式喷雾机（图 7-23）是一种装有横喷杆或竖喷杆的液力喷雾机，在草坪作业都安装横喷杆，它具有结构简单、操作调整方便、喷雾速度快、喷幅宽、喷雾均匀、生产率高等特点，适于在大面积草坪喷洒杀虫剂和除草剂。喷杆式喷雾机主要由药液箱、搅拌器、液泵、管路控制系统和喷射部件等组成。

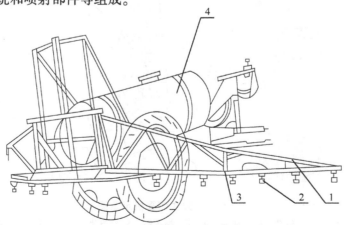

图 7-23　喷杆式喷雾机示意图
1. 喷杆桁架　2. 喷头　3. 喷杆　4. 药液箱

喷杆式喷雾机由拖拉机悬挂或牵引，药液箱内装有搅拌器，以液力搅拌器最常见，它是将一部分液流引入药液箱，通过搅拌喷头喷出进行搅拌。喷射部件由喷头、防滴装置和喷杆桁架机构组成。喷头常采用刚玉瓷狭缝式喷头和空心圆锥雾喷头，由于刚玉瓷狭缝式喷头的扇形雾流在喷头中心部位雾量较多，且往两边递减，因此在喷杆上安装时应注意相邻喷头的雾流有一定交错重叠，使整机喷幅内雾量能均匀分布。防滴装置是为了消除停喷时药液在剩余压力作用下沿喷头滴漏而造成药害，一般采用膜片式防滴阀加真空回吸三通阀、球式防滴阀加真空回吸三通阀、膜片式防滴阀三种配置模式。喷杆桁架的作用是安装喷头，展开后实现宽幅均匀喷洒，按喷杆长度的不同，桁架可以由三节、五节或七节组成，除中央喷杆外，其余各节可以向后、向上或向两侧折叠，以便运输和停放。

喷杆式喷雾机的管路控制系统安装在驾驶员随手能触摸到的位置，便于操作，主要包括调压阀、压力表、安全阀、截流阀和分配阀，如图 7-24 所示。调压阀用于调整和设定喷雾压力，安全阀把管路中的压力限定在一定值以内，截流阀用于开启或关闭喷头喷雾作业，分配阀把从液泵输出的药液均匀地分配到各节喷杆中。管路控制系统包括调压阀、压力表、安全阀、截流阀和分配阀，分配阀是把从液泵输出的药液均匀地分配到各节喷杆中去，它可以控制每一节喷杆的喷药或停止喷药。

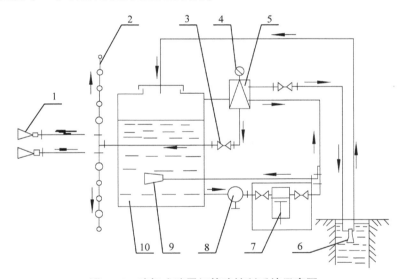

图 7-24 喷杆式喷雾机管路控制系统示意图
1. 喷头 2. 喷杆 3. 安全阀 4. 压力表 5. 截流阀 6. 射流泵
7. 活塞隔膜泵 8. 吸入过滤器 9. 液力搅拌器 10. 药液箱

4. 液力喷雾车

液力喷雾车是目前应用较多、综合防治效果较好的一种植保机械。它通常以汽车或拖拉机为主机，配置喷雾设备，向草坪植株喷洒药液进行作业。该机型的使用大大提高了工作效率，降低了劳动强度。液力喷雾车上配置一些附件，就可以用于喷灌和路面洒水，因而在草坪、园林绿化作业中广泛应用。

液力喷雾车主要由动力、行走、输液、雾化喷射和操作控制等部分组成，其结构如图 7-25 所示。该喷雾车以汽车为行走部分。利用汽车的动力输出轴驱动液泵，液泵工作压力为 1.47~2.45 MPa，流量达 80 L/min，液箱的容积为 4 300 L。在液箱上方装有两套卷筒

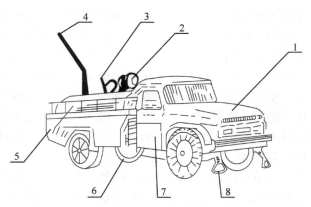

图 7-25 液力喷雾车的基本结构
1. 载重汽车 2. 输液管 3. 喷雾枪 4. 喷灌枪 5. 液箱 6. 液泵 7. 操作控制室 8. 洒水装置

输液软管和喷孔直径 4.2 mm 的双摆动式喷雾枪,用作喷射药液。车身后部的喷灌枪供射水喷灌冲刷和应急消防使用。车辆前下方的两套洒水装置,可方便地进行路面洒水和浇灌。控制装置设在驾驶室内,喷雾枪的摆动则由操作人员在车身上控制。

四、影响喷药质量的因素

用喷雾机施药要想取得高质量的防治效果,还得考虑喷雾机喷雾质量、喷药量及自然环境等因素的影响。

1. 喷雾质量

使用喷雾机,应掌握喷雾机的喷雾性能及影响因素,以便使喷雾质量满足要求。喷雾性能包括:喷雾量、射程、喷幅(雾锥角)和雾化程度(雾滴直径及分布状况)等。由于各类喷头有不同的雾化原理及结构差异,故影响因素也不同,现分述如下。

(1) 通用型喷头

通用型喷头雾化原理为压力雾化,影响喷雾质量的因素主要有以下几种。

①工作压力:工作压力越大,药液获得的能量越大,经过喷孔的速度也越大,因此喷雾量、射程、雾锥角均相应增大,雾滴直径也越小。但压力达到一定程度后,对雾滴直径影响较小,且不经济,故工作压力一般不超过 300 kPa。

②喷孔大小:在工作压力一定的条件下,涡流式喷头的喷孔直径大,则喷雾量多,射程远;喷孔直径小,则雾锥角大,雾滴细。但当喷孔直径大到一定值后,由于液流的旋转运动减弱,切向速度降低,液膜变厚,会使雾锥角的增加趋缓,雾滴变粗,导致雾化程度降低。这时射程可增加,因为喷雾量多而集中的液流易冲破空气阻力。

③涡流室深度:涡流室深度变浅,喷幅增大,雾滴变细,射程减小;反之,喷幅减小,雾滴变粗,射程增大。

④药液的黏性:黏性大,消耗能量多,比黏性小的药液喷洒质量差。当黏性大时,雾滴增大;反之,雾滴减小。

⑤作业速度:作业速度慢会增加喷量,应按规定的每公顷喷药量确定作业速度,以免发生药害。

(2)风送式超低量喷头

风送式超低量喷头雾化原理是离心力雾化,故影响因素有转盘转速、气流速度、进液口直径等。当转盘转速增大时,离心力随之增大,雾滴越细,分布越均匀;气流速度大,则射程增加;进液口直径大,则喷雾量增多。一般超低量喷头的转速为 7 000~10 000 r/min。

(3)弥雾喷头

弥雾喷头主要靠气力雾化,因此气流速度是影响雾化质量的主要因素,气流速度大,则射程远,雾滴细。对于大型机移式喷雾机,还应计划好应安装的喷头数目和配置方式。

2. 喷药量

喷药前,除了药剂的配比符合要求外,单位面积上的喷量还要符合要求。因此,要取得较好的施药效果,应进行计算和试验。

(1)背负式

①计算:已知技术要求的单位面积喷药量 $Q(L/hm^2$ 或 $kg/hm^2)$,计算药箱内加 $S(L$ 或 $kg)$量的药剂后应喷洒的面积 $F(hm^2)$,则 $F=S/Q(hm^2)$。

②试验:在药箱内加 $S(L$ 或 $kg)$量的药剂后,进行试喷,测出实际的喷洒面积 F',要求 $F=F'$。若不符合要求,则调整至 $F=F'$ 时为止。

③调节:改变作业速度,如 $F'<F$,则走快些;改变单位时间的喷量,如 $F'<F$,则喷量应调小些。

(2)机动式

①计算:已知技术要求的喷药量 $Q(L/hm^2$ 或 $kg/hm^2)$,机器的喷洒幅宽 $B(m)$ 和前进速度 $v(m/min)$,计算该机单位时间的喷药量 q。则 $q=BvQ/10\ 000(L/min$ 或 $kg/min)$。

②试验:将机器停于原地,在药箱内加入 G 量$(L$ 或 $kg)$的清水或无毒粉,然后试喷,测出它喷完 $G(L$ 或 $kg)$量水所需时间 $t(min)$,就可得到实际的喷量 q',$q'=G/t$。要求 $q=q'$,如不符,则调节后再试,直至符合为止。

③调节:改变前进速度 v 或工作幅宽 B,若 $q'>q$,则工作幅宽 B 调大些或前进速度 v 调快些;改变机器单位时间的喷药量,若 $q'>q$,则喷量调小些。

3. 自然环境

刮大风、下雨时不能喷药,以免刮跑、冲失药液。天气过热时不能喷雾,以免药液因过热蒸发,使浓度变大而烧伤草坪。

五、喷雾机(器)的使用

正确地使用和管理喷雾机(器),才能取得经济而有效的防治病虫草害的良好效果,延长机具的使用寿命和降低作业成本。

1. 机具准备

作业前应对喷雾机(器)进行全面认真的检查和维护,使之处于正常的工作状态。

①检查喷雾机(器)各滤网是否完好,各连接部件是否紧固,接头是否畅通而又不漏液,各运动部件是否转动灵活。

②检查压力表和安全阀是否正常,开关是否灵活。

③根据喷雾作业的要求,正确选择喷雾机(器)的类型、喷头的形式和喷孔的尺寸。多行喷雾机应根据作物行距和喷雾要求配置喷头。

④对各注油点加注润滑油,并检查动力机的润滑油油面。

2. 喷药相关参数计算

(1)喷完一箱药液的时间可用下式计算

$$t = \frac{Q}{q} \tag{7-1}$$

式中,t 为时间(min);Q 为药液箱的有效容量(L);q 为喷头稳定喷雾量(L/min)。

(2)一箱药液可喷洒的面积 $F(\text{hm}^2)$ 可用下式计算

$$F = \frac{Q}{Y} \tag{7-2}$$

式中,Y 为每公顷施液量(L)。

(3)每公顷施液量的计算

每公顷施液量应根据农业技术要求确定。每公顷施液量取决于作业速度和药液开关的开度。人力喷雾器和机力喷雾机的计算方法有所不同。

①人力手动喷雾器每公顷施液量按下式计算:

$$Y = \frac{Q}{F_1} \times 10\ 000 \tag{7-3}$$

式中,F_1 为每箱药液可喷洒的面积(m^2)。

在实际工作中,测得一箱药液所喷洒的面积与用式(7-3)算出的结果不符时,可以加快或降低步行速度和转动药液开关来调整,直至基本符合计划要求,以保证喷药质量和防止排液量过大产生药害。

②机引或悬挂式喷雾机每公顷施液量可按下式计算:

$$Y = 600\,\frac{q}{vB} \tag{7-4}$$

式中,q 为喷雾机的排液量(L/min);v 为喷雾机组的行走速度(km/h);B 为喷雾机工作幅宽(m);600 为各单位换算值。

(4)喷雾作业速度的确定

①计算的喷洒面积:已知 t 及 F 时,则单位时间内计算的喷洒面积 f 可用下式计算。

$$f = \frac{F}{t} = \frac{Q/Y}{Q/q} = \frac{q}{Y} \tag{7-5}$$

②实际的喷洒面积:单位时间内实际的喷洒面积 m 可用下式计算。

$$m = \frac{Bv_1}{10\ 000} \tag{7-6}$$

式中,v_1 为喷雾机组的作业速度(m/min)。

在喷雾作业时,要求 $m=f$ 由此得出

$$v_1 = \frac{1\ 000q}{BY}$$

为了保证喷雾的均匀,要求 v 只能在不大的范围内变动,人力喷雾时操作人员的步行速度,一般旱地为 0.9~1.1 m/s,水田为 0.6~0.7 m/s。

若计算的作业速度过高或过低使实际作业有困难时,可在保证药效的前提下,适当改变药液的浓度,以适应排液量和作业速度的要求;或适当调整作业速度,以改变排液量,

从而满足实际作业要求。有的喷雾机可以用调量开关，直接改变排液量来适应作业速度。

（5）母液混合比的计算

采用射流式混药器混药时，必须按要求的浓度计算母液的稀释比，并通过试验。试验时，母液可用清水代替，应使喷雾机的工作条件(如工作压力、喷雾胶管长度等)与田间作业状态基本相符。

若用 A 表示喷枪喷出的药液量(kg/min)，B 表示混药器吸入母液量(kg/min)，C 表示喷枪喷出的药液浓度，D 表示相应的母液稀释比(D 为相应母液中每千克原药所掺入的水量)，每分钟喷枪喷出的药液量 A 和每分钟吸入的母液量 B 所含原药相等，即

$$A\frac{1}{C} = B\frac{1}{D+1} \tag{7-7}$$

则有

$$D = \frac{B}{A}C - 1 \tag{7-8}$$

式中，C 为农艺要求的给定值，如农艺要求雾滴的浓度为 1∶200；即 C 值为 200；A、B 可由试验中测出，所以 D 可以计算出来。

3. 使用方法

（1）试喷

喷雾机可用清水试喷，检查各工作部件是否正常，有无渗漏和堵塞，喷雾质量是否良好，试喷的结果符合要求后才可进行正式作业。

（2）行走方法

喷雾通常采用梭形走法，并按规定的行走速度匀速行驶，以保证所要求的每公顷施液量。

（3）作业方法

①喷雾应在无风或微风天气进行。

②开始喷药前，应使喷雾机的压力泵处于卸压位置，并调低压力。启动发动机后，如液泵排液正常，把调压手柄扳至"加压"位置，逐渐调压到正常工作压力即可喷药。

③工作中随时注意喷雾质量和压力的变化。如喷雾质量恶化或压力不稳定，应及时检查，发现问题及时排除。

④用水润滑的液泵不能脱水空转，以免损坏机件。

4. 质量检查

喷雾质量的检查主要是检查药液在作物上的覆盖面积和均匀程度，要求没有漏喷。要经常复核每公顷施液量是否符合要求，以便及时调整。实际生产中，通常在喷药后 1~2 d 就要检查喷药效果。

5. 喷雾机(器)的维护保养

①防止药液腐蚀机件，喷药后应清洗有关部件。喷雾机(器)每次工作后，应用清水喷几分钟以洗净药液箱、压力泵、管路和喷射部件内残存药液，并把清水排净。

②按说明书规定进行清洁、检查、润滑、调整和更换有关部件，以达到良好的技术状态。

③作业全部结束，机器需要长期存放时，除将药液箱、压力泵和管路等用水清洗干净外，还应卸下三角皮带、喷雾胶管、喷射部件、混药器和进水管等部件，清洗晾干，与喷

雾机(器)集中存放在室内干燥通风处,橡胶制品应悬挂在墙上,以免压、折受损。

④喷雾机(器)长期存放时,应将喷射部件的开关打开,拆下药桶盖,并把药桶和喷射部件倒挂在室内干燥通风处。

⑤不要与腐蚀性农药或化肥等放在一起。

⑥除橡胶件和塑料件外,机具内外未涂漆的外露零件要涂上润滑脂,以防生锈腐蚀。

第四节　弥雾喷粉机械

弥雾喷粉机是一种气力式喷雾机(或风送式喷雾机),也称弥雾机。弥雾喷粉机既能喷雾又能喷粉,其特点是一台机器更换少量部件,即可进行弥雾、超低量喷雾、喷粉、喷洒颗粒、喷烟等作业,多用于病虫草害防治作业。

一、弥雾基本原理及弥雾机基本构造

1. 弥雾喷粉基本原理

(1) 弥雾原理

弥雾原理如图 7-26 所示,汽油机带动风机叶轮旋转产生高速气流,并在风机出口处形成一定压力。其中,大部分高速气流经风机出口流入喷管,而少量气流通过进风门和软管到达药箱上部,对药液增压。药液在风压作用下,经输液管到达弥雾喷头,从喷嘴周围的小孔喷出。喷出的药液流在喷管内高速气流的冲击下,碎成细小的雾滴,并随气流射出去。将弥雾喷头换上超低量喷头,即可进行超低量弥雾。

(2) 喷粉原理

喷粉原理如图 7-27 所示,汽油机带动风机叶轮旋转,产生高速气流,其中大部分气流经风机出口流入喷管,而少量气流经进风门进入吹粉管。进入吹粉管的气流速度高且具有

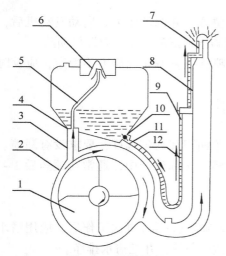

图 7-26　弥雾原理
1. 风机叶轮　2. 风机外壳　3. 进风门　4. 进气塞
5. 软管　6. 滤网　7. 喷头　8. 喷管　9. 开关
10. 粉门　11. 出水塞接头　12. 输液管

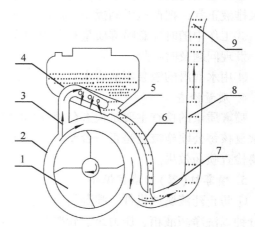

图 7-27　喷粉原理
1. 风机叶轮　2. 风机外壳　3. 进风门
4. 吹粉管　5. 粉门　6. 喷粉管
7. 弯管　8. 喷管　9. 喷口

一定的压力,从吹风管周围的小孔喷出,使药粉松散,并把药粉吹向粉门。喷管内的高速气流使输粉管出口处产生局部真空,大量药粉被吸入喷管,在高速气流的作用下经喷口喷出并吹向远方。

2. 弥雾机基本构造

弥雾喷粉机有背负式和悬挂式之分。背负式弥雾喷粉机由风机、汽油动力机、弥雾喷头、喷管、输液管、药箱和机架等组成。由发动机带动风机,产生高速气流,由气流把药粉输入喷粉管,由喷粉管出来的药粉在喷管内高速气流的作用下吹向远方。

①机架:是全机零部件安装的基础,在机架和风机间安装有减震胶垫,为第一级减震。背板和机架之间安装有减震胶垫,为第二级减震,起缓冲吸震作用。

②发动机:为单缸二冲程汽油机,用于驱动风机。

③风机:是主要工作部件,通常采用离心式风机,风机由发动机直接驱动,由于叶轮的高速旋转带动了叶轮中叶片间的空气旋转,因而产生了离心力,在离心力的作用下,这些空气被甩向机壳处,并从风机出口排出,在叶片中央则形成负压;在压力差的作用下,外界空气从中央入口处不断地进入叶轮。随着叶轮的不断旋转,具有高压高速的气流经喷管组件喷出。

④药箱:由聚丙烯塑料制成,用来盛药液(粉)。

⑤喷洒部件:由弯头、波纹管、直喷管等组成。当弥雾作业时,在喷管上加装输液管、水门开关、喷头。当进行喷粉作业时,须将输液管及喷头卸下,换上喷粉管即可使用。在使用长薄膜喷粉管时,需将弯头旋转90°后安装,并卸掉直管,再将长喷管与软管直接连接,根据需要将长喷管上的小孔安装成朝地或后斜的方向。

⑥操纵机构:安装在风机壳上。粉门、油门采用杠杆机构控制,油门杆与粉门杆用操纵齿板定位。油门位置分停车、怠速、工作、高速。粉门位置分全闭、微闭、全开。

二、弥雾喷粉机主要工作部件

1. 风机

风机是弥雾喷粉机的主要工作部件,其功用是产生高速气流,将药液雾化成细小雾滴吹送出去。常采用离心式和轴流式两种。

(1)离心式风机

离心式风机工作原理与离心式水泵的原理相同,只是流体是空气或其他气体。离心式风机有前弯式、后弯式和径向式三种。图7-28所示为前弯式风机简图。后弯式风机叶片弯曲方向与前弯式相反。前弯式和后弯式在背负式喷雾喷粉机上都有应用。

在叶轮直径相同情况下,前弯式风机产生的风压大,故产生同样风压时,前弯式风机的尺寸较小而后弯式风机尺寸较大。但前弯式风机的效率低、噪声大。

(2)轴流式风机

轴流式风机的气流大致沿轴向流进,从轴向流出。可近似地认为气流流线平行于轴。图7-29所示为轴流式风机结构示意图。

轴流式风机出口直径大,风量也大,但风压比离心式风机小。可以用于要求射程较远、喷幅较大、撒布均匀度要求较好的喷雾、喷粉机上。目前,我国生产的风送式绿化喷雾车上广泛应用轴流式风机。为了获得较高的出口风速,喷雾作业时风压不应低于

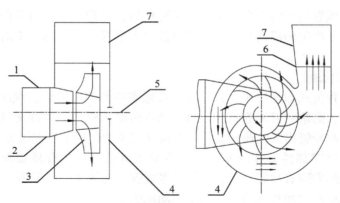

图 7-28　前弯式风机简图

1. 进气室　2. 进气口　3. 叶轮　4. 蜗壳　5. 主轴　6. 出气口　7. 出口扩压器

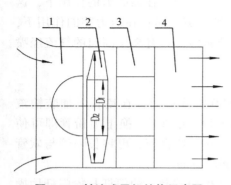

图 7-29　轴流式风机结构示意图

1. 集风器　2. 叶轮　3. 导风器　4. 喷筒

686 Pa；在采用气流搅拌、气流输粉的喷粉作业时，风压不应低于 1 568 Pa。

2. 喷头及配套装置

在弥雾喷粉机和风送式喷雾车上广泛应用的是弥雾喷头，也称气力式喷头，是利用高速气流的动能使药粉（液）分散成细小雾滴。

（1）弥雾喷头

弥雾喷头结构如图 7-30 所示。工作时，具有一定压力的药液从喷嘴周围的孔中喷出后，再与高速气流在喷口喉管处相遇，药滴被气流冲击进一步雾化成细小雾滴，并被吹向远方。

弥雾喷头有多种形式，各种产品结构大同小异，其原理是相似的。常见的有旋流式喷头、宽幅喷头、远射喷头、转轮式喷头、气雾喷头等，其结构如图 7-31 所示。

旋流式喷头是利用高速气流冲击固定的叶轮，使高速气流本身变为激烈的旋转气流，而药液是垂直导入气流的，在旋转气流中受冲击而雾化，适于低量喷雾。

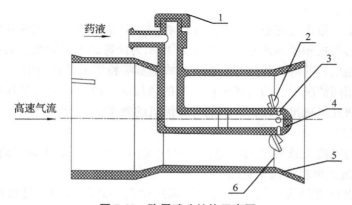

图 7-30　弥雾喷头结构示意图

1. 压盖　2. 叶片　3. 喷嘴喷孔　4. 喷嘴　5. 喷口　6. 喉管

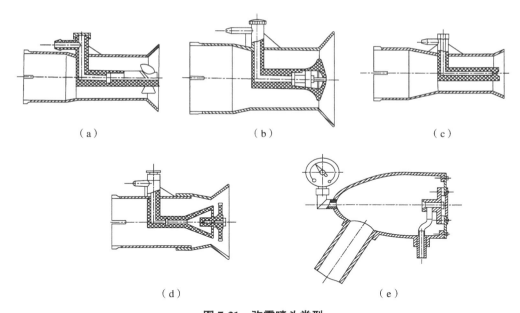

图 7-31 弥雾喷头类型
(a)旋流式喷头 (b)宽幅喷头 (c)远射喷头 (d)转轮式喷头 (e)气雾喷头

宽幅喷头的喷门直径较大，气流在出口处加速，把垂直导入气流的药液击碎雾化，雾滴直径为 100~150 μm，喷幅宽，通用性较好。

远射喷头的出口阻力小，要求气流速度高、流量大，药液也是垂直导入气流受冲击而雾化，它结构简单，射程远，雾滴较粗。

转轮式喷头的喷口处有一转动的叶轮，气流推动叶轮高速旋转，药液平行导入气流方向，撞击在旋转叶轮上雾化，形成细雾滴(直径为 50~120 μm)。转轮式喷头适于药液浓度较高、喷雾量较小的场合。

气雾喷头中进入的气流为高压气流，它分成两股：一股从中心喉管喷出，另一股经旋涡片旋转着喷出，药液在两股气流交汇处受冲击雾化，其雾滴直径更小，为 10~90 μm，雾滴弥漫性强，适于高浓度药液喷雾。

(2)喷射雾化装置

风送式绿化喷雾车的喷射雾化装置如图 7-32 所示。其进口处是一个具有圆弧过渡的集

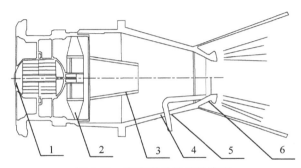

图 7-32 喷射雾化装置示意图
1.集流器 2.轴流式风机 3.导流器 4.喷筒 5.输液管 6.喷头组

流器,可改善进气状态,减小进气阻力。喷筒中部装有轴流式风机,风机由装在进风口处的电机驱动。风机产生的高速气流经导流器(导流器上设有叶片),引导气流向稳定均匀的轴向流动;导流器前方装有呈渐缩圆锥形的喷筒,它可进一步减少气流紊动,提高风速。在喷筒出口处装有环形输液管,输液管上沿圆周均匀布置数个喷头。从液泵输送来的高压药液从喷头喷出时,先进行液力雾化,继而在高速气流作用下进行气力雾化,并被吹送到远方。

喷射雾化装置安装在一可回转的装置上,喷筒可绕其水平轴在垂直平面内缓慢摆动进行喷洒。

回转装置由电机通过皮带传动、蜗轮蜗杆减速器驱动,由按钮控制回转机构的正、反转,限位开关限制机构的最大倾角。

(3)离心喷头装置

离心喷头主要有转盘式和转笼式两种,其中转盘式使用比较普遍。如图 7-33 所示为转盘式离心喷头示意图,其雾化元件是一个周边带齿的双层圆盘,转盘上有风轮,在气流作用下高速旋转,药液从轴心进入转盘,即被抛撒出去并雾化成细小雾滴。

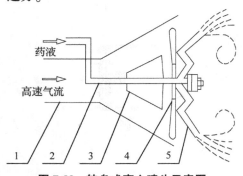

图 7-33 转盘式离心喷头示意图
1. 喷管 2. 空心轴 3. 分流锥
4. 风轮 5. 转盘

3. 弥雾喷管

弥雾喷管主要由出液管接头、输液管、喷管、喷头体等组成,如图 7-34 所示。输液管的一端与药箱的出药口相连,另一端与喷头相连;喷头位于喷管的喉管处,当药液由喷头喷出时,又受到喷管内的高速气流冲击,成为更细的雾滴,随气流漂移并逐渐沉降到草株上。

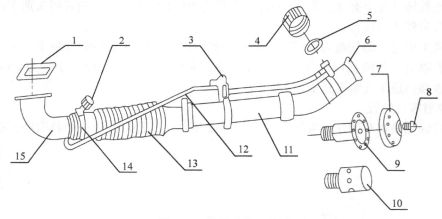

图 7-34 弥雾喷管示意图
1. 垫片 2. 出液管接头 3. 开关 4. 喷头压盖 5. 密封圈 6. 喷头体 7. 喷嘴盖 8. 紧固螺钉
9. 喷嘴座 10. 高射喷嘴 11. 喷管 12. 输液管 13. 蛇形管 14. 卡环 15. 弯头

4. 药箱

药箱是盛装药液或药粉的装置,根据弥雾或喷粉的不同作业,药箱内部结构也不同,喷粉作业的药箱结构如图 7-35 所示。弥雾作业时,应将药箱内吹粉组件取下,再将弥雾组

图 7-35 喷粉作业的药箱结构

1. 照明灯座 2. 垫圈 3. 箱盖 4. 药箱 5. 过滤网 6. 进气胶管 7. 进气塞
8. 粉门 9. 密封圈 10. 粉门压紧螺母 11. 吹粉管 12. 进气胶圈

件(进气塞、进气胶管、过滤网)装入药箱内。

三、弥雾喷粉机工作原理

弥雾喷粉机一般分为背负式和担架式。

1. 背负式手动弥雾喷粉机

背负式手动弥雾喷粉机主要由药粉箱、风机、驱动机构、搅拌器和输粉器等组成，如图 7-36 所示。

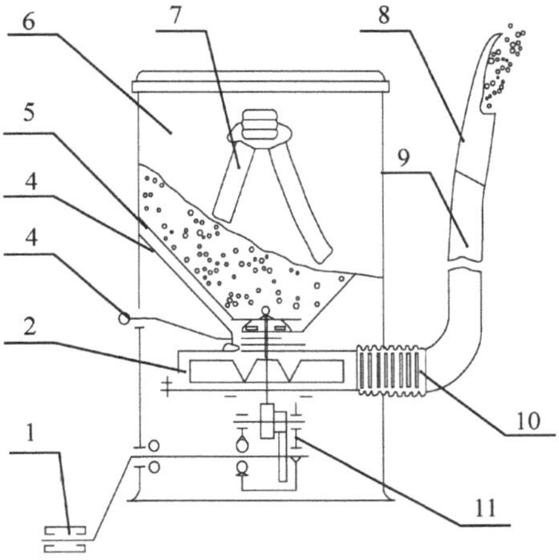

手动喷粉器工作时，将喷粉器背负好后，左手执喷管，右手摇手柄，动力经齿轮增速后带动风机高速旋转，叶轮中心产生真空，将药粉和空气吸入风机，经风机增速、增压、混合后，经喷管、喷头喷出。

2. 背负式机动弥雾喷粉机

背负式机动弥雾喷粉机是一种多用途小型便携式喷洒机械，通过更换少量部件也可

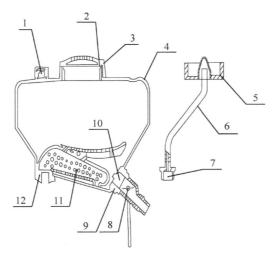

图 7-36 背负式手动弥雾喷粉机示意图

1. 摇手柄 2. 风机 3. 开关 4. 粉槽
5. 输粉器 6. 药粉箱 7. 背带 8. 喷头
9. 喷管 10. 软管 11. 齿轮箱

进行喷粉、弥雾和超低量喷雾等作业，在小面积草坪病虫害防治中使用很广。如图 7-37 所示，背负式机动弥雾喷粉机主要由药箱、发动机、离心风机、机架和喷洒部件等组成。

背负式机动弥雾喷粉机的工作原理：发动机带动风机旋转，产生高速气流，大部分气流流经喷粉管，少量气流经喷粉管，由于喷粉管内是负压(即有吸力)将粉剂吸向弯头内。这时的粉剂，从风机出来的高速气流，通过喷粉管，吹向远方。

3. 担架式机动弥雾喷粉机

担架式机动弥雾喷粉机主要由发动机、贮粉箱、输粉装置、风机、机架及喷粉头等部件组成，其结构如图 7-38(a)所示。

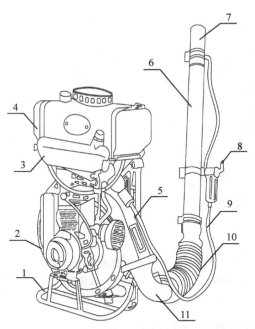

图 7-37 背负式机动弥雾喷粉机示意图

1. 机架 2. 发动机 3. 油箱 4. 药箱 5. 离心风机 6. 喷粉管 7. 喷头
8. 开关 9. 输液管 10. 软管 11. 弯头

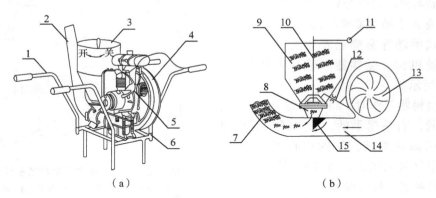

（a）　　　　　　　　　　（b）

图 7-38 担架式机动弥雾喷粉机示意图

(a) 外形图　(b) 工作过程

1. 把手 2. 喷管 3、9. 贮粉箱 4. 风机 5. 发动机 6. 机架 7. 弯喷管 8. 粉箱座
10. 开关轴 11. 开关手柄 12. 振动杆 13. 风机叶轮 14. 直喷管 15. 导风角

担架式机动弥雾喷粉机的工作过程如图 7-38(b) 所示。当发动机工作时，机体的振动通过振动杆传给振动筛迫使药粉振动，药粉顺利通过排粉口；喷粉管的喉管处装有导风角，使该处的过流截面逐渐变小，气流速度增加，气流压力降低，产生吸力，由振动筛筛落的药粉便被吸入喷粉管，随高速气流由喷粉头喷出。

四、弥雾喷粉机操作要点

正确使用弥雾喷粉机，能延长机器寿命，保证人身安全和降低作业成本。

1. 作业准备

①全面检查机具，要求机件、垫片无缺损，运转灵活；润滑油油质清洁，油量恰当。

②根据防治要求，选择合适的喷头、喷枪、压力和喷管等。

③工作前，先用清水或无毒粉（如滑石粉、石灰等）试喷。检查是否有漏液或漏粉现象，如有，应及时解决，以免影响安全作业和造成浪费。检查机具运转是否灵活，转速是否正常，以及发动机启动、冒烟等情况。检查药粉（液）的喷洒是否正常。

④配制药剂要严格按照规定的配比操作，药粉要过筛。配药液时，如药液是可湿性粉剂，应先将药粉调成糊状，然后加清水搅拌过滤；如是乳剂，则先加清水，后加原液搅拌。

2. 作业要求

作业中要掌握该机喷雾（粉）的性能及影响，使喷雾（粉）质量满足技术要求。喷粉作业要注意以下几点：

①应根据不同的喷撒需要合理选择风速和风量。不同形式喷头有不同的风速，对同一形式喷头而言，出口气流速度加快时，则药量和射程增大。但过高时，有可能损伤近处作物或使喷头喷洒不均匀，此时可采取增大喷口，以提高风量来提高射程。

②喷撒均匀性受风力影响很大，天气干燥影响药粉的黏附性，因此宜在风速小于 3 m/s 及早晚有露水或雨后喷撒。

③操作时应根据药剂特点，采用必要的搅拌与输送装置。

④喷粉头的形式及安装位置要根据需要合理确定。不同形式的喷粉头有不同的粉流及喷撒范围，应根据不同喷撒对象正确选用。

⑤喷药时，人要位于上风向，以免被药剂污染。

⑥作业完成后，要求及时清洗机器，排净水、粉，以免锈蚀机器。

第五节 其他喷雾机械

一、超低量喷雾机

超低量喷雾机是利用雾化元件高速旋转所产生的离心力将药液抛撒出去的机械。其特点是形成的雾滴很细，直径为 15~75 μm，分布均匀，附着力强，靠自然风或驱动风和自重沉降到草坪上；并且药剂不需要稀释或只需加很少量的稀释水，药效持久，因此是一种很有发展前景的施药技术。超低量喷雾机上的喷雾部件采用离心式喷头，主要有转盘式和转笼式两种离心喷头。

手持式电动超低量喷雾机由于体积小、质量轻、结构简单、使用维护方便、工作效率高、用药省、成本低、适应面广，对庭院草坪、花卉、绿篱、灌木丛等进行病虫害防治非常适用。手持式电动超低量喷雾机主要由药液瓶、喷头、流量器、电动机和手把等组成，如图 7-39 所示。

手持式电动超低量喷雾机工作时，接通微型电动机电源开关，雾化盘在电动机带动下以 7 000~8 000 r/min 的速度高速旋转，药液在重力作用下，由药液瓶经滤网、流量器进入前后齿盘之间，随雾化盘高速旋转，在离心力作用下，迅速形成一层药液膜并向齿盘边缘移动，在边缘细齿的作用下药液膜以丝状甩出，经与空气撞击、摩擦进一步破碎，形成微小雾滴，

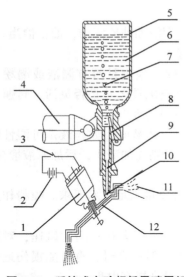

图 7-39 手持式电动超低量喷雾机
1. 电动机 2. 电池组 3. 开关
4. 手把 5. 药液瓶 6. 药液
7. 空气泡 8. 进气管 9. 流量器
10. 药液入口 11. 雾滴 12. 雾化盘

随自然风漂移,沉降到作物上,在二三级风时,喷幅可达 3~5 m。

此外,在机动弥雾喷粉机上装上超低量喷雾装置,可组成机动超低量喷雾机,其工作效率是手动喷雾器的数十倍,比机动弥雾机高出数倍。

二、静电喷雾机

静电喷雾是应用高压静电在喷头与喷雾目标(植株)之间建立起一个静电场,并通过充电方式使被喷头雾化了的雾滴充上电荷,带有电荷的雾滴群在静电场力和其他外力的联合作用下做定向运动,吸附在植株的各部位表面,达到施药的目的。静电喷雾具有雾滴沉积和覆盖均匀,穿透性好,可附着在植株的各个部位,且附着性好,减少了飘移和流失,药液的利用率高,环境污染小等特点,使用前景广泛。但其结构复杂,机械成本较高,作业时安全性要求高。

静电喷雾机中使药液雾滴充电的基本方法有三种,即电晕充电、感应充电和接触充电,其原理如图 7-40 所示。选择充电方法时应考虑喷头的结构、类型、充电效果和安全性,应使喷头具有较低的工作电压和电流,并要求喷头结构紧凑、简单、绝缘性好。

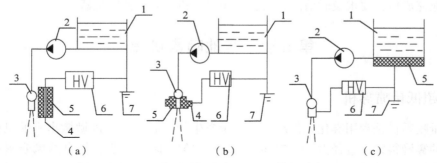

图 7-40 静电喷雾机充电方法原理示意图
(a)电晕充电 (b)感应充电 (c)接触充电
1. 药液箱 2. 液泵 3. 喷头 4. 电极 5. 绝缘体 6. 高电压发生器 7. 接地

一般情况下,接触充电可使雾滴充电最充分,效果最好,但是要求有高的充电电压,绝缘要求也极严格。感应充电的效果次之,要求的充电电压也较低,但可能造成电极浸湿而失效。电晕充电的效果较差,电能消耗也大,但结构简单,绝缘要求较低,成本低。在实际中三种充电方法均有应用,有时可把两种方法综合起来应用。

静电喷雾机根据不同的作业要求有手扶式、背负式、车载自行式、牵引式等。如图 7-41 所示为牵引式静电喷雾机,主要由拖车、柴油机、轴流风机、充电系统、喷雾系统、雾化风筒、导流锥筒、静电高压发生器、空气压缩机等组成。

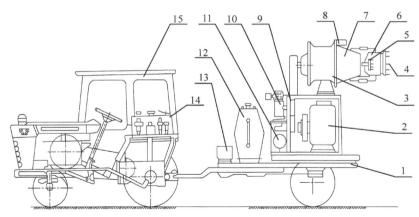

图 7-41 牵引式静电喷雾机示意图
1. 拖车　2. 柴油机　3. 轴流风机　4. 充电系统　5. 喷雾系统　6. 雾化风筒　7. 导流锥筒　8. 静电高压发生器
9. 传动系统　10. 空气压缩机　11. 贮气罐　12. 药液箱　13. 气动马达　14. 控制系　15. 拖拉机

牵引式静电喷雾机工作时，柴油机同时驱动发电机、轴流式风机及空气压缩机工作，发电机产生的电流输入高电压发生器产生静电高压。空气压缩机产生的高压气体驱动气动马达工作，其中一部分压缩空气充入药液箱给药液加压，并将药液压至喷头。高压静电的作用使雾滴群所处空间的空气电离，雾滴被充上电荷（通常为负电荷），带电荷的雾滴在电静力和轴流式风机产生的高速气流的联合作用下飞向目标植株，实现施药的目的。

三、喷烟机

喷烟机使药剂产生直径小于 50 μm 的固体或胶态悬浮体。烟雾的形成通常分为热雾和常温烟雾两种方法。热雾是采用加热冷凝法使药液雾化，将很小的固体药剂粒子加热后喷出，粒子吸收空气中的水分，使粒子外面包上一层水膜。常温烟雾是指在常温下，利用压缩空气使药液雾化成 5~10 μm 的超微粒子的设备。

1. 热喷烟机

热喷烟机主要由脉冲式发动机和药剂系统两大部分组成，其工作原理如图 7-42 所示。脉冲式发动机由燃烧冷却系统、供油系统和启动系统三部分组成。燃烧冷却系统包括燃烧室、冷却管和导风罩等；供油系统包括汽油箱、化油器、油管、止回阀等；启动系统包括供气和点火两部分，供气部分由打气球、四通阀及吹气管组成，点火部分包括电池、点火器、微动开关及火花塞等。药剂系统由药液箱、过滤器、充气管、出药管、药剂开关、计量喷嘴等组成。

热喷烟机工作时，首先揿压打气球，产生的压缩空气经四通阀后分三路：第一路进入汽油箱，将汽油经止回阀和增压止回阀压入化油器喷嘴；第二路直接进入化油器喷嘴，使喷嘴处的汽油雾化并吹入化油器；第三路进入化油器进气端提供启动燃烧所需空气，与喷嘴处喷入的汽油形成可燃混合气，并将其吹至燃烧室，此时，由于压缩空气的进入，化油器上进气阀处于关闭状态。在揿动打气球的同时，按动微动开关，点火器工作产生高压电，经火花塞跳火点燃可燃混合气，可燃混合气在燃烧室内爆发燃烧，产生高温高压燃气从喷管喷出，由于高速气流的惯性，燃烧室内压力瞬间低于大气压，形成负压，化油器的进气阀瞬间打开，外界新鲜空气被吸入。空气流经过化油器喷嘴时，由于化油器喉管的作

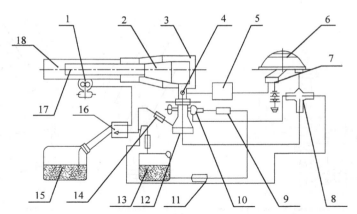

图 7-42 热喷烟机工作原理

1. 药剂喷嘴　2. 燃烧室　3. 后冷却管　4. 火花塞　5. 点火器　6. 打气球　7. 微动开关
8. 四通阀　9、14. 增压止回阀　10. 喷嘴　11. 止回阀　12. 化油器　13. 汽油箱
15. 药液箱　16. 药液截流阀　17. 喷管　18. 前冷却管

用，燃油又一次吸入化油器，与空气流形成可燃混合气进入燃烧室燃烧。第二次燃烧是借上次燃烧爆发的余火和内壁的高温点燃。这样，按一定频率连续爆发燃烧，从喷管不断排出大量的高温高速气流。因此，第一次燃烧后就不需再打气和点火，便可连续不断地工作。

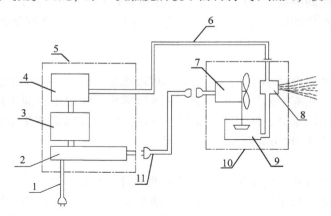

图 7-43 常温喷烟机工作原理

1. 电源线　2. 控制面板　3. 电机　4. 空压机　5. 空压部分　6. 空气管
7. 风机　8. 喷嘴　9. 药桶　10. 喷雾部分　11. 连接线

2. 常温喷烟机

常温喷烟机分空压机部分和喷雾操作部分，其工作原理如图 7-43 所示。空压机部分置于棚室外，操作人员不需要进入棚室即可控制整个喷雾操作过程。喷雾部分置于作业棚内，离门 5~8 m，调好喷筒轴线与棚室中线平行。根据作物高低，调节喷口至适当高度和适当仰角。药液必须预先搅拌均匀后才能开始喷雾。

电机驱动空压机产生压缩空气（压力为 1.5~2 MPa），通过空气胶管进入喷头涡流室，产生高速旋转气流并形成局部真空，将药液箱药液通过输液管吸入吸头，空气和药液高速混合后雾化成平均直径约为 20 μm 的烟雾，从喷口喷出。小电机驱动轴流风机产生低压大气流，沿轴向将雾流送出并扩散，实现喷药的目的。

本章小结

本章主要介绍了草坪植保机械的构造及工作原理。重点应掌握草坪喷药、喷粉机械的构造及工作原理，了解草坪植保作业的意义、性能及使用安全要求；掌握喷药机械的类型及常用的喷雾方法；了解喷雾机主要工作部件，掌握各类喷雾机的结构、工作原理及其使用要求，掌握影响喷雾质量的因素；掌握弥雾喷粉机械的基本构造及工作原理，了解弥雾喷粉机的主要工作部件，掌握各类型弥雾喷粉机的工作原理及结构。

思考题

1. 简述草坪病虫害防治的方法及植保机械的作用。
2. 简述草坪植保机械的性能与使用安全要求。
3. 草坪喷药机的类型有哪些？
4. 简述药液雾化的方法。
5. 简述喷药机的一般构造及其功能。
6. 简述喷药机液泵的类型及其优缺点。
7. 喷雾喷头的类型有哪些？适用于哪种场合？
8. 简述影响喷药质量的因素。
9. 简述弥雾喷粉（雾）的工作原理。
10. 超低量喷雾机的特点有哪些？
11. 静电喷雾机使药液雾滴充电的基本方法有哪些？

第八章
草坪移植机械

第一节 概 述

铺植草坪是尽快建立起草坪的一种方法。草坪草从播种到长成草坪一般需要 1 个月左右的时间，为了快速建成草坪，可直接将生长良好的草皮或"草毯"从草圃地按一定规格及栽植要求，制作成相应的草坪块或草坪卷，将其在栽植现场进行铺设、镇压、浇水后，很快就能形成景观很好的草坪，尤其在城市繁华地区草坪多采用这种方式。起草皮就需要使用专用的起草皮设备。

目前，草皮移植有两种作业方法，一种是移植以土壤为生长介质的普通草皮，即使用起草皮机从草圃把草皮按一定宽度切割下来，卷成草皮卷，运至现场用人工进行铺植、压实后形成草坪，这是一种半机械化的施工方法；另一种是移植草毯，草毯是一种特殊的草皮，它是由强度较高、密度较大的网作为草皮的生长介质，在其上播种培养草皮，这种网可以用尼龙绳编织，最好是用可降解的纤维材料（棕榈或其他植物）编织，强度较高，即使把单块草毯提起来抖动都不会断裂，因此比较适合于机械作业，使用成套的草毯作业设备可以将草毯卷成大卷，然后进行铺植、滚压，使移植作业全部实现机械化，这一方法的作业效率和作业质量都很高。

可移栽草皮的基本参数：用于草坪种植的移植草皮，不能只单独将草皮厚度作为唯一质量指标，草皮的完整度与存活要求也是草皮的重要指标。而后两个指标是由出售时的草皮地质量决定的。草皮地质量受到多种因素综合影响，因此用于评价草皮地质量指标体系多达十几种，其中九分法得到大多数人的认可。九分法主要是将草皮植被的质量评定分为 5 项指标，即为表观特征（盖度、密度、频度）、色泽（叶绿素含量）、质地（受力作用）。利用每项评分乘以权值再求和得到总评分的加权平均值：

$$总评分\ U = \sum_{5}^{k=1} a_k B_k \tag{8-1}$$

式中，$a_k(k=1,2,3,4,5)$ 为 5 个指标的得分数；$B_k(k=1,2,3,4,5)$ 为 5 个指标的加权因子。

一、盖度质量等级评定

盖度是草皮地植被水平郁闭地面的程度，其定量参数的取值是植被覆盖地面的面积与总面积之比值，通常用百分数表示。它的质量标准划分为三个等级，其中Ⅰ级草皮地的覆盖度为 91%~100%，Ⅱ级为 81%~90%，Ⅲ级为 71%~80%。

二、频度质量等级评定

频度是草皮地植物品种分布均匀性的主要指标,也是后续搭建虚拟模型的复杂程度重要影响因素。频度是所测植物出现的次数占总测次数的比例,即出现率,通常用百分数表示。它的质量标准划分为三个等级,其中Ⅰ级的出现率为 91%~100%,Ⅱ级为 81%~90%,Ⅲ级为 71%~80%。

三、密度质量等级评定

在草皮地植被中,植物个体占有本身所需的空间,也就是它所需营养面积,才能正常生长。密度也就是单位面积上的植株个体数,通常用株数/hm^2 表示。它的质量标准划分为三个等级,其中Ⅰ级的密度为$(3.64~4.00)\times 10^8$ 株/hm^2,Ⅱ级为$(3.24~3.60)\times 10^8$ 株/hm^2,Ⅲ级为$(2.84~3.20)\times 10^8$ 株/hm^2。

四、草坪植被色泽的评定标准与方法

色泽与存活率不可分割,影响色泽的主要原因是植物内的叶绿素含量。叶绿素是指绿色植物体内存在的绿色色素,是吸收太阳光进行光合作用的重要物质。它是一类分布在叶肉细胞中的化合物,它的含量用每克鲜叶中的毫克数表示。不同植物种类叶绿素的含量不同,植株老化叶绿素也随之减少,并且不论哪种缘故,植物体叶绿素含量的多少通常表现为植物颜色的变化。在质量评定中一般分为三个质量等级,依据为植物叶片中叶绿素含量的多少,其中Ⅰ级为 1.55~1.81 mg/g,Ⅱ级为 1.28~1.54 mg/g,Ⅲ级为 1.01~1.27 mg/g。

五、草坪植被质地的评定标准与方法

草皮地对物体压强受力作用的效应能力称为质地,质地是起草皮机的物理参数的重要影响因素,通常使用 kg/m^2 表示。它的质量标准是依据运动 10 次和压强 10 kg/m^2 的情况下对草皮地植被的损伤程度划分为三个质量等级,其中Ⅰ级的伤损率为 10.03%~19.28%,Ⅱ级为 19.67%~28.92%,Ⅲ级为 29.31%~38.56%;再由 100%减去所测得的伤损率,求出未受损伤的完好率,得出草皮地植被质地植被的质量标准,其中Ⅰ级为 80.72%~89.97%,Ⅱ级为 71.08%~80.33%,Ⅲ级为 61.44%~70.69%。运动场草坪评定指标见表 8-1 所列。

表 8-1 运动场草坪评定指标

评定指标	实测值			应得分		
	Ⅰ	Ⅱ	Ⅲ	Ⅰ	Ⅱ	Ⅲ
盖度/%	91~100	81~90	71~80	91~100	81~90	71~80
频度/%	91~100	81~90	71~80	91~100	81~90	71~80
密度/(株/cm^2)	3.64~4.00	3.24~3.60	2.84~3.20	91~100	81~90	71~80
色泽/(mg/g)	1.55~1.81	1.28~1.54	1.01~1.27	86~100	71~85	56~70
质地	81~90	71~80	61~70	90~100	79~89	68~78
总和				499~500	393~444	337~388
平均				89.8~100	78.6~88.8	67.4~77.6

在草坪植被质地的质量评定中,依据草坪植被质地的用途确定各因素权重的大小,在

运动场草坪中，密度、频度、质地是重要影响因素，其权重为 0.25，色泽和盖度的权重分别为 0.15 和 0.10；而在观赏草坪中，频度、色泽、盖度的权重为 0.25，密度和质地的权重分别为 0.15 和 0.10。

第二节 起草皮机械

一、自行式起草皮机

手扶自行式起草皮机是目前使用最广的一种机型，一般由机架、驱动轮、被动轮、起草皮刀、发动机等部件组成。发动机为汽油机或柴油机；驱动轮用于驱动机组前进，为了增加起草皮机的牵引力，常采用加宽的驱动轮，并套上带有特种花纹或直齿形花纹的橡胶轮胎胎面，这样既能提高起草皮机的附着性能，同时由于与地面接触面积加大而不致破坏草皮。但起草皮机在道路上较长距离行驶时，应在驱动轴上加装直径较大的行走轮，以提高行驶速度和通过性。

(1) 机架

机架为一矩形框架，用于支撑发动机、变速箱，安装驱动轮、被动轮和连接起草皮机的各个工作部件。

(2) 驱动轮和被动轮

驱动轮用于驱动机组前进，为一钢制圆筒，左右各一个。由于行走在未起的草皮上，且与草皮摩擦驱动机组前进，所以宽度较大，圆筒的外圆柱面套着一层带横纹的胶皮套，以增加摩擦力，且不损伤草皮。被动轮为普通的充气轮，用于支撑机架，位于机组的后部，一般只有一个，因此，安装在中间。

(3) 发动机

发动机一般为汽油机或柴油机，如 CPI-500 型起草皮机配套的发动机为 F400 型风冷柴油机。常见的自走式起草皮机的发动机动力一般为 5 kW 左右。

(4) 起草皮刀

起草皮刀由两把 L 形的垂直侧刀和一把水平底刀组成，材料为 65 号锰钢。侧刀形成起下草皮的宽度，底刀切割草皮的根土，形成草坪的底。起下草皮的宽度由 L 形切刀的间距确定，小型起草皮机起草皮的宽度一般为 300 mm 左右，大型起草皮机起草皮宽度可达到 600 mm。

(5) 深度调节机构

L 形侧刀的上部与机架连接，在连接架上有一排孔眼，根据需要的起草皮深度将销子插入相应孔眼，并锁紧即可调整深度。

(6) 切刀离合器

切刀离合器为一套张紧轮调节机构。切刀在工作时，由偏心轮驱动振动前进。偏心轮与其驱动轮通过皮带连接，在皮带的一侧有一个张紧轮，张紧轮通过调节机构压紧和调松来连接和切断偏心轮的动力，从而完成切刀的接合和分离。

(7) 变速箱

变速箱的作用是减速和传递动力，即将发动机皮带轮的高转速转变为变速箱输出轴的低转速，传递行走动力和切刀动力。

(8) 动力输出轴离合器

有的起草皮机上装有离心式离合器，当发动机达到一定转速时，会自动接合动力；发动机降速时，自动切断动力。

(9) 油门

发动机油门一般为旋转把手式，在右把手上，通过扭转把手，控制发动机油门大小。

如图 8-1 所示，手扶步进自行式起草皮机的主要工作部件是由两把 L 形的垂直侧刀和一把水平底刀组成的切草皮刀，切草皮刀的 L 形垂直侧刃的一端安装在前部的镇压辊轴上，镇压辊起镇压草皮和驱动轮的作用，发动机的动力通过 V 形皮带或链传动将动力传递到镇压辊上。为了增加起草皮刀的切割效率，有些起草皮机的起草皮刀在其前进方向可以通过发动机驱动有固定频率和振幅的振动，使铲刀容易入土，并可减少切割阻力，也不易黏土。

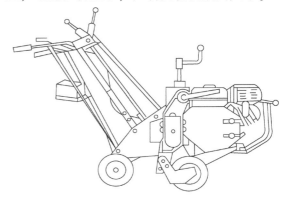

图 8-1　手扶步进自行式起草皮机示意图

作业时，首先操纵手扶把手上的离合器使发动机的动力通过离合器的结合传递给镇压辊，驱动机器向前运动；然后搬动起草皮刀操纵手柄，放下起草皮刀使其进行起草皮作业，两侧刃形成起下草皮的宽，底刃切割草皮的根，形成草皮的底部；再搬动起草皮刀操纵手柄，抬高起草皮刀完成起草皮作业。起草皮的深度可以通过螺旋或丝杠构成的升降调节机构进行调节，最深可调节到 64 mm，切下草皮的宽度由起草皮刀两垂直侧刃的距离确定。小型起草皮机起草皮的宽度为 300 mm 左右，大型起草皮机起草皮的宽度可达到 600 mm，切下的草皮可以被卷起来运送到铺植草坪的地点。一台以 4.5 kW 左右的单缸汽油发动机为动力的小型起草皮机，每分钟可以起草皮约 10 m²。手扶步进自行式起草皮机主要适用于面积为 $5 \times 10^4 \sim 5 \times 10^5$ m² 的中小型草圃，表 8-2 为常用手扶步进自行式起草皮机的性能参数。

表 8-2　常用手扶步进自行式起草皮机的性能参数

型号	可尔 CZ10A-36B	绿洲 LZ-Ⅱ	TURFCO 85521	BLUEEBIRD SCI18	RYAN 544845	BROUWER
发动机功率/(kW/品牌)	5.9/B&S	6.7/HONDA	6/B&S	4.1/HONDA	4/B&S	4/B&S
工作幅度/mm	349 379	305 405	300 380 410	460	457	410 460 600
最大起草皮深度/mm	50	55	50	60	64	38
起草皮速度/(m/min)	38~52	40~50	42	—	41	—
作业效率/(m²/h)	650~850	800~1 000	465	1 250~1 500	—	—
质量/kg	—	120	135	—	162	77

二、悬挂式起草皮机

如图 8-2 所示,悬挂式起草皮机由一把 U 形切草皮刀、两个侧面切割圆盘、两个限深轮和机架组成。机架用于与拖拉机的液压悬挂系统相连接。两个侧面切圆盘(也称前犁刀)安装在 U 形切草皮刀的前方,主要用于形成切下草皮的两个侧面,其宽度与起草皮的宽度相一致,300~600 mm。U 形切草皮刀位于侧面切割盘的后部,用于切割草皮的根部形成被切下草皮的底部。限深轮可以调节,用于限制切割草皮的深度。作业时,拖拉机前进,通过液压悬挂系统放下切草皮机,U 形切草皮刀具有一定的入土角切入草皮进行起草皮作业。U 形切草皮刀的入土角是通过拖拉机三点悬挂系统上拉杆的伸长和缩短进行调节的。这种起草皮机结构比较简单、作业效率较高,每分钟可起 80 m 长的草皮,主要适用于 5×10^5 m² 以上的大型草圃。

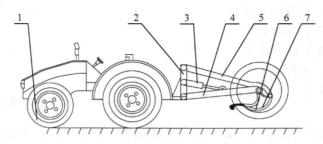

图 8-2 悬挂式起草皮机示意图
1. 车体 2. 固定架 3. 驱动机构 4. 连接杆 5. 控制臂 6. 行走机构 7. 刀架

第三节 草皮移植机械

一、草皮铺放机械

草毯卷铺植机是将卸下的草毯收割机卷成卷的草毯整齐地铺植成草坪,结构比较简单,主要有手扶步进自走式和牵引式两种,以牵引式为多,如 SP12400 型牵引式草毯铺植机,其工作速度为 0~7 km/h。

外挂式绿化带草皮铺植机主要由间歇式送料机构、展开机构、调节机构、铺草机构等部分构成。

储料箱中的草皮卷通过曲柄摇杆机构将其间歇式输送到展开机构的输送带上。展开机构的空心滚筒通过带传动与该机构的主动轴连接,实现整周回转运动,草皮卷随输送带平动时,在空心滚筒整周回转运动作用下,使草皮卷向输送带运动方向的反方向展开,进而实现草皮卷完全展开在输送带上,展开的草皮被输送到倾角可调的倾斜板上,草皮再经由调节机构的四杆机构连续输送到铺草机构的输送带上,最终实现草皮的连续铺植。

二、草坪滚压机械

1. 草坪滚压的目的

滚压是用草坪压辊在草坪上面边滚边压。适度滚压对草坪是有利的,尤其在寒冷的地区，要获得一个平整的草坪，在春季滚压是十分必要的。滚压可以改善草坪表面的平整度，但也会带来土壤紧实等问题，所以要根据不同情况慎重考虑，具体情况具体对待。

①播种后滚压：能起到平整坪床、改善种子与土壤接触的作用，提高种子萌发的整齐度。

②铺植后滚压：使草坪根部与坪床紧密结合，易于吸收水分产生新根，以利于草坪的定植。

③适度的滚压：可以有效地促进分蘖和匍匐茎伸长，抑制植株垂直生长，使节间缩短，使草坪变得致密、平整。

④起草皮前滚压：可获得厚度一致的草皮，能降低草皮质量，节约运输费用。

另外，滚压还有修饰地面、改善草坪景观的作用。例如，可增加运动场草坪场地硬度，使场地平坦，提高草坪的使用价值；通过滚压可使草坪土壤表层因冬、春季节的冰冻造成的土面不平，以及因蚯蚓、蚂蚁等动物的活动而出现土堆的情况得到有效改善；不同走向的滚压还可形成草坪花纹，提高草坪的景观效果。

2. 滚压设备

草坪压辊一般由钢材或铸铁制造，具有一定的直径和工作幅宽。有些草坪压辊在幅宽方向由两部分组成，便于转弯时形成差速，实现了转向时草坪压辊在幅宽方向上速度的协调，避免了滑动对草坪的损伤。草坪滚压机有手推式、自走式和牵引式等类型。

根据草坪滚压紧实度的要求，多数草坪滚压机需要配重，通常用水泥块、沙袋或铸铁块进行配重，以调整草坪压辊的质量。

幅宽为 0.6~1 m 的草坪压辊，通常由手扶式机械或乘坐式车辆牵引作业。幅宽 2 m 以上的草坪压辊，由大型拖拉机牵引作业。

草坪滚压机有多种类型，大型草坪可选用拖拉机牵引式滚压机，中、小型草坪可选用手扶式或乘坐式滚压机，小块草地可选用手推式滚压机。

手扶自走式滚压机一般有前、后压辊，前压辊直径较大，可调节配重，调节范围为 180~370 kg；后压辊主要起平衡和导向作用。最大行驶速度为 6.7 km/h。

3. 草坪滚压机的使用

(1) 滚压机的选择

滚压可用人力推重滚或机械牵引。机动滚轮重为 80~500 kg，手推轮重为 60~200 kg。压辊有石辊、水泥辊、空心铁辊等，空心铁辊可充水，通过调节水量来调整质量。滚压的质量依滚压的次数和目的而定，如为了修整床面则宜少次重压(200 kg)，播种后使种子与土壤紧密接触则宜轻压(50~60 kg)。应避免强度过大造成土壤板结，或强度不够达不到预期效果。

(2) 滚压时间

草坪宜在生长季进行滚压，冷季型草坪草应在春、秋季草坪生长旺盛的季节进行，而暖季型草坪草则宜在夏季进行。其他的滚压时间通常要视具体情况而定，如坪床准备时、播种后、起草皮前和草皮铺植后要滚压，运动场草坪赛前赛后要滚压，有土壤冻层的地区春季解冻后要滚压。

(3) 滚压时的注意事项

①草坪草弱小时不宜滚压。

②在潮湿的土壤上尽量避免高强度的滚压，以免土壤板结，影响草坪草生长。

③在过于干燥的土壤上，要避免重压，防止草坪压实。

④应结合打孔、疏耙、施肥、覆沙等管理措施进行。

草毯滚压机是在草毯铺植后进行滚压，使草毯根系与土壤能紧密结合，一般为牵引式，其结构与普通草坪滚压机相似，主要工作装置为一根压辊，压辊内腔可注水以调节滚压力的大小。

第四节　草坪植生带生产设备

一、草坪植生带简介

将草坪草种播在一种具有一定宽度、一定孔隙度的两层纸或无纺布之间的带上，建植草坪或培育草皮，这种带称为植生带或种子带。植生带是在专用生产设备上，按照一定的生产工艺和播种密度，将拌有营养成分和杀虫剂的草坪草种子均匀定植在可以自降解的无纺布基或纸基带上形成的工业化产品，建植草坪时只要把植生带开卷平铺在预先准备好的坪床上，然后在带上均匀覆盖一层约 5 cm 厚的细土，在草坪生长季节喷水后一周左右即开始出苗。

1. 植生带建坪技术的优点

①植生带可以在工厂里进行生产，不受气候因素的影响，便于机械化作业，节省了大量劳动力和土地。

②便于贮存和运输。

③由于定植，草坪出苗率高，出苗整齐，与种子直播相比可节省种子 30%~50%。

④建植草坪操作简单，技术要求相对较低，施工方便快捷，在坡地上铺植可有效防止种子流失，有效解决了在斜坡上建植草坪难保留的问题。

⑤可有效抑制杂草的滋生。

⑥由于植生带的带基是天然纤维材料，能在 50 d 左右自行降解，不会造成环境污染。因此，植生带铺植是一种很有发展前景的草坪建植新技术。

2. 植生带播种复合

将草坪草种播撒在两层非织造布带、纸带或其他植物纤维带之间，而形成符合各种条件下建植草坪植生带的关键是使种子在植生带的运输、铺植过程中不会丢失或滑落，一般采取将两层载体(非织造布带、纸带或其他植物纤维带)在播种后紧密地复合在一起。常用复合的方式主要有以下四种。

①热复合：在载体施胶、播种以后将两层载体复合在一起，经过一对或数对具有一定温度的热压辊，将双层载体复合在一起并干燥。

②冷复合：与热复合基本相似，不同的是复合辊为常温，在双层载体经过一对复合辊复合以后形成的植生带进入烘箱烘干。用这种方式复合，保持了种子的活力。

③针刺复合：对载体可以不施胶，在播种以后利用载体自身纤维的交织作用，将复合后的双层载体用针刺的方式使其结合在一起。

④压花复合：其原理与双层或多层餐巾纸的复合相同，利用纤维的交织作用，播种后的双层载体经过一对按一定花纹排列、相互啮合的轧辊而将其复合在一起。

二、草坪植生带生产设备

植生带生产设备根据选用带基和工艺不同而有所区别。植生带带基有非织造布带或纸带，均由易降解的植物纤维组成。黏合材料可采用水溶性黏合剂，或具有黏性的树脂。植生带技术不仅能实施工厂化生产，而且把播种、移植的作业及其所需各种机械设备简化成植生带生产的设备。植生带生产包括基带制造和植生带复合两大部分。

1. 非织造布制造机组

非织造布制造机组由开花机、清花机、钢丝梳棉机、成网机、浸渍装置、烘干设备、成卷装置和输送带等组成，其中一部分为棉纺设备，另一部分与造纸设备相类似。

开花机是将布的下脚料打碎，并开花成再生绒。清花机是把再生绒进一步打松成花絮。钢丝梳棉机通过反向剥离装置的高速旋转和气流输送装置，将花絮分层剥离，并均匀输送到输送带上。成网机是以气流为介质将花絮均匀地附在尼龙网上，形成棉网。这些都为棉纺设备。

成型的棉网通过输送带送入浸渍装置，在浸渍装置的浆槽内盛有含 1%~2% 的聚乙烯醇溶液，浸渍后的棉网通过两道橡皮滚筒的挤压，将棉网上多余的浆液挤压掉。干燥装置一般为电烘箱，用于将浸渍、挤压过的棉网最后烘干，形成非织造布。干燥后的非织造布再由成卷装置卷成卷，送入成品库贮藏。

整个生产机组按工艺流程布置，各设备之间由输送带连接，形成一条流水生产线。

2. 植生带复合机组

植生带复合机组根据植生带复合的工艺不同而有所差别，一般植生带的复合有双层热复合、双层冷复合、双层针刺复合、双层压花复合、单层点播等几种。下面介绍双层针刺复合机组。

双层针刺复合工艺的工艺流程为：先将成卷的非织造布平展在输送带上，并向非织造布上面喷洒液体肥料和少量黏合剂，以增加种子的附着性能。在非织造布上按要求的密度均匀播撒草坪种子。播过种子的非织造布经输送带送到复合装置，在其上面再加上一层非织造布，然后经过针刺机的针扎将棉网上的纤维交织在一起，即成植生带。将复合后的植生带卷成卷，每卷 100 m 或 50 m 送到成品库贮存。贮存植生带的库房要整洁、卫生、通风、干燥，温度以 10~20℃，相对湿度小于 30% 为宜。

植生带两层非织造布的厚度会影响到出苗率和幼苗的生长，上层非织造布若比较薄，则阻力小，幼苗易穿过，出苗率高。一般单子叶禾本科草坪草，如早熟禾幼苗的穿透力强，上层可选用 25~30 g/m² 的非织造布；双子叶豆科植物，如白花车轴草的穿透力则比较弱，上层可选用 15~20 g/m² 的非织造布。根的穿透力都大于苗的穿透力，因此下层材料可略厚，韧性可略强，这样也可抑制土壤中杂草的滋生，一般选用 30 g/m² 的非织造布。

双层针刺植生带复合机组包括施肥装置、播种装置、复合装置、针刺装置、成卷装置等，这些装置统一组成一个整体，各装置之间由链传动连接，共设置有 10 余个传动滚筒。

随着输送带的运动，展布滚筒上的无纺布平展在输送带上，并随输送带一起运动。当无纺布运行至施肥装置下方时，施肥装置将液体肥料、黏合剂、保水剂、杀虫剂的混合液喷洒在无纺布上，然后进入播种装置下方。播种装置可以布置 1~3 套，当进行混播时，可以将不同种子放入不同的种子箱分别播种。播种装置要求能进行精量播种，常采用外槽式排种轮排种，排种轮凹槽的深度和数量因草种种子大小而异，不同大小的种子需选择不同槽深和不同槽数的排种轮。同时，排种轮的转速是可以通过无级调速电动机进行调节的，这样可以调节播种量的大小。

针刺装置是一种复合装置，它通过针刺的办法把上下两层无纺布的纤维交织在一起，从而达到将种子牢牢固定在两层无纺布之间的目的，成为种子植生带。针刺复合的速度与展布、卷布的速度是相配合的。卷布滚筒则将复合以后的植生带卷成 50 m 或 100 m 的植生带卷。

为了检验植生带的质量，特别是种子在植生带上分布的均匀性，常配备有检验复卷机，它是通过光照来检验种子在植生带上的分布均匀性。

本章小结

本章主要介绍了草坪移栽机械。讲述了草皮起草、移栽和生产的过程中用到的不同类型的机械。了解每种机械的工作原理与结构组成。

思考题

1. 影响草皮植被的质量指标有哪些？
2. 简述影响起草皮机械的因素。
3. 植生带建坪技术现在仍存在什么问题？

第九章

智慧草坪机械

草坪机械是构成草坪生产系统的一个重要组成部分,实现草坪作业机械化是扩大绿化面积、取得综合效益的重要手段。为了在草坪建植与养护管理中起到举足轻重的作用,草坪机械必须要向智能化发展,在安全性能、轻量便捷、智能环保、高效节能、操作简单、自动化和多功能一体化等方面做足功夫。本章将简要介绍可用于草坪建植和养护的智慧草坪机械。

第一节 智慧草坪建植机械简介

一、无人机草坪撒播机

1. 性能特点

(1) 高效播撒,省时省力

对比用工成本高、播撒效率低、劳动强度大的人力播撒,商品化智能播撒系统的使用成本低、效率高、省工省力;智能手机操控,全自主播撒,在地面播撒机械难以工作的自然条件下也能轻松作业。

(2) 精准飞行,颗粒均匀

无人机草坪撒播机能够将种子、固体颗粒精确播撒到所需位置,独特的滚轴定量器设计,让撒出的颗粒不结块、不粘连,落地分布均匀,满足精准播撒需求,解决传统飞播用量不精准、飞行精度低、播撒不均匀等问题。

2. 工作原理

以商品化旋翼智能播撒机为例,该机采用智能播撒系统,是针对农业生产中的播种、植保环节研发的自动化播撒设备,它可以配合商品化植保无人机平台,通过高速气流,高效地将种子、肥料等固体颗粒精准投放至所需区域。利用成熟的全自主飞行控制系统和高精度导航设施,它的飞行播撒精度高。

无人机草坪撒播机(图 9-1)通过高精度导航自主飞行播撒,利用主机平台搭载视觉模块,播撒过程自动绕行障碍物,绕障时停止播撒,不重播、漏播;通过 4G 网络接入基站网络,在主要作业区域内不需要架设移动基站,全程高精度全自主作业。

图 9-1 无人机草坪撒播机

二、无人撒播车

（1）强大的地形适应能力

无人撒播车（图 9-2）专为农业场景设计，具有卓越的通过性和强大的越野性，可适应多种不同地形地貌。

图 9-2　无人撒播车

（2）强悍的越野性能

无人撒播车采用双无刷减速电机，总扭力最高可达 1 000 N·m，拥有强大的瞬时爆发力，可为越野提高强悍动力。

（3）底盘离地间隙可调

无人撒播车的底盘离地间隙高低可调。在爬坡路段，无人撒播车可以通过调低重心来提高爬坡能力，可在坡度 30°内的山地丘陵做到如履平地一般，即使在密植的果林也能任意穿梭；在坑洼路段，可以调高重心，获得更好的通过能力。

（4）结构坚固，安全、稳定、耐用

无人撒播车的结构设计经过了大量的实地测试。在车身尺寸设计上，既保证了无人撒播车不会因为车身太长导致侧翻，又保证了车身不会过窄而导致车轮压坏田垄，并且还方便用户将无人撒播车从仓库运输至农田里，用户通过一辆农用三轮车即可对其进行转场运输。

此外，无人撒播车采用了经典式防滚架设计，高强度一体化钢制车架，大大增强了车身强度和抗扭曲能力，使得该车更加坚固耐用，在车体发生意外时，可以全面保护车体，减少车损，降低车辆维护成本。

三、草坪草籽喷播机

草坪草籽喷播机，是利用气力或液力将草籽喷撒到种植草坪土地上的机器。气力喷播前，草籽可先进行包衣处理。液力喷播前，需将种子进行催芽处理，并与纤维覆盖物、黏合剂、肥料和一定比例的水组成混合浆液，然后进行喷播。使用比较广泛的是液力喷播机。

1. 草坪客土喷播机

草坪客土喷播机（图 9-3）是新型绿化方法，将绿化用草籽与保水剂、黏合剂及肥料等，在搅拌容器中与水混合成胶状的混合浆液，用压力泵将其播于土地上。由于混合浆液中含有保水材料和各种养分，保证了植物生长所需的水和其他营养物质来源，故而植物能够健康、迅速地成长。草坪客土喷播机适合于大面积的绿化作业，尤其是较为干旱缺少浇灌设施的地区，如机场飞行区植草绿化、园林绿化、山体固土绿化、建筑垃圾填埋复绿。

第九章 智慧草坪机械 165

图 9-3 草坪客土喷播机

草坪客土喷播机特点：①拌料浓度较高（50%～70%），比第二代微稀。②成本比较低（购置成本、人工成本、使用成本都比较低）。③极大提高施工的安全性。④移动方便，特别适合中低坡和较分散边坡。⑤施工比较方便，整机独立操作，使用方便。

2. 液力喷播机

液力喷播机（图 9-4）又称水力喷播机或液压喷播机，是一种把催芽的种子混入装有一定比例的水、纤维覆盖物、黏合剂和肥料的容器里，利用离心泵把混合液通过软管输喷播到土壤上，形成均匀的覆盖层的草坪作业机具。在实际施工中根据种床情况，可以适量加土，减少纸纤维、木纤维用量，大量降低施工成本，加快施工速度并有效提高草种的发芽率和成活率；液力喷播机在实际施工中主要用于边坡绿化、矿山复绿、山体治理、扬尘覆盖、垃圾填埋覆盖、园林绿化、高尔夫球场建设、超大面积施药防治病虫草害等。

图 9-4 液力喷播机

液力喷播机特点：①扬程高，效率快。在采用双发动机带动时，可以将搅拌和输出动力分开，从而使扬程更高，效率更快。②机器操作安全简单。液力喷播机可以通过机载智能化控制台，实现对喷枪及喷量的优化调整。③原料喷播均匀。液力喷播机罐体内采用桨叶机械搅拌和循环射流搅拌双重搅拌形式，可以让物料在搅拌和喷播过程中处于全悬浮均匀状态，能一次性将混配好的原料均匀喷出。

第二节 智慧草坪养护机械简介

一、自动草坪割草机

1. 结构

自动草坪割草机由刀盘、发动机、行走轮、行走机构、刀片、扶手、控制部分、传感部分等组成。

2. 工作原理

自动草坪割草机的控制核心系统为基于 ARM Cortex-M3 的架构，采用 STM32 F1 系列为控制芯片，四轮四驱的编码器电机实现驱动，同时配合 MPU6050 陀螺仪芯片实现 PID 算法控制割草机精准运动。操作方式采用遥控 Wi-Fi 远程控制，其采用 NRF24L01 芯片通过 SPI 通信将数据传输至核心控制板。为了实现割草的高度，使用 PWM 控制两个舵机的角度配合连接杆来完成升降。割草刀片在直流电机的驱动下往复运动，实现草坪修剪。

3. 功能及优势

自动草坪割草机（图 9-5）一般有以下功能：具备自动割草、清理草屑、自动避雨、自动行走、自动避碍和自动返回充电等功能；具备安全检测和电池电量检测功能，具备一定爬坡能力，可调节修剪高度，可用 APP 操控。它是一种适合家庭庭院、公共绿地等场所进行草坪修剪维护的中小型设备。APP 会显示工作状态、剩余电量、除草日期或者切换至手动远程操控，也可将后台数据上传至云端，方便制造商远程诊断设备故障。它不仅能自主完成修剪草坪的工作，而且无需人为直接控制和操作，功率低、噪声 60 dB 左右、外形精巧美观。在国外，许多家庭都备有智能割草机，用来为门前的花园除草。

图 9-5　自动草坪割草机

二、智能草坪修剪机器人

图 9-6　智能草坪修剪机器人

智能草坪修剪机器人（图 9-6）是一种综合性的机器人系统，集电力电子学、机械设计制造学、传感检测技术、自动控制技术、计算机通信技术等于一身，是经济型、实用型机电一体化产品之一。智能草坪修剪机器人属于户外运动型机器人，其驱动方式有足式、轮式及履带式等多种。一般来说，平整路面多采用轮式和履带式驱动方式，特殊环境和恶劣环境多采用足式驱动方式，当然这些驱动方式也可结合使用，以适应各种状况的路面。智能草坪修剪机器人一般采用轮式或履带式驱动方式。

三、智慧草坪喷灌系统

1. 智慧草坪喷灌系统组成

一个完整的喷灌系统一般由水源、首部枢纽、管网和喷头等组成。

(1) 水源

一般多用城市供水系统作为喷灌水源，另外，井泉、湖泊、水库、河流也可作为水源。在草坪的整个生长季节，水源应有可靠的供水保证。同时，水源水质应满足灌溉水质标准的要求。

(2) 首部枢纽

首部枢纽的作用是从水源取水，并对水进行加压、水质处理、肥料注入和系统控制。一般包括动力设备、水泵、过滤器、施肥器、泄压阀、逆止阀、水表、压力表，以及控制设备，如自动灌溉控制器、恒压变频控制装置等。首部设备的多少，可视系统类型、水源条件及用户要求有所增减。当城市供水系统的压力满足不了喷灌工作压力的要求时，可建专用水泵站或加压水泵室或专用水塔，有时可在自来水管路上加装一台管道泵。

(3) 管网

管网的作用是将压力水输送并分配到所需灌溉的草坪种植区域。由不同管径的管道组成，如干管、支管、毛管等，通过各种相应的管件、阀门等设备将各级管道连接成完整的管网系统。现代灌溉系统的管网多采用施工方便、水力学性能良好且不会锈蚀的塑料管道，如 PVC 管、PE 管等。同时，应根据需要在管网中安装必要的安全装置，如进排气阀、限压阀、泄水阀等。

(4) 喷头

喷头将水分散成水滴，如同降雨一般比较均匀地喷洒在草坪和区域。

2. 智慧草坪喷灌系统工作原理

智慧草坪喷灌系统运用物联网、大数据、云计算与传感器技术相结合的方式对农业生产中的环境温度、湿度、光照强度、土壤墒情等参数进行实时监控，通过分析处理传感器数据信息，达到所设阈值或人为干预操作，作为灌溉设备运行的控制条件，实现智能化灌溉。图 9-7 为智慧灌溉系统喷洒图。

图 9-7　智慧灌溉系统喷洒图

四、多功能太阳能灭虫器

1. 主要用途

多功能太阳能灭虫器适用于各种农林作物，如棉田、粮田、蔬菜田、林木、花卉及果园等，也可用于无公害蔬菜、瓜果、烟草、茶叶等基地。

2. 产品概述

多功能太阳能灭虫器(图 9-8)是应用于农业、林业诱杀害虫的高新技术产品，采用了诱虫的最佳波长和微电脑控制芯片，实现了智能化，白天由优质单晶硅太阳能为免维护铅酸蓄电池提供电力，将太阳光能转换为电能贮存。白天，接收太阳光能储电，晚间，自动启动光波共振诱集光源，利用害虫的趋光性和对光强变化的敏感性诱杀害虫，产生光波共振，杜绝害虫繁殖。安装后可一年四季使用，每天杀虫。利用太阳能提供电源，节约了能源；不必拉电线，取代常规用电；12V 低压电源，不用担心触电，没有安全隐患。它是目前生产上较为理想的物理灭虫手段。

(a) （b）

图 9-8 多功能太阳能灭虫器

(a)接触太阳能灭虫器　(b)单灯式多功能太阳能灭虫器

五、植保无人机

植保无人机就是利用无人机的低空飞行技术，结合定向喷药技术，通过控制系统和传感器实时操控，实现对农作物的定量精准喷药，克服了地面喷雾机作业困难等问题，具有适用性好、作物损伤小、施药均匀且穿透性好、用药用水量少、作业人员安全系数高等优点，同时飞机产生的下旋气流可有效减少药剂的漂移，减少对环境的危害。地面植保机械结合现代化植保无人机技术，进行全域范围病虫害的信息监测和精准喷药，才能构成完整的植保体系，减少农药施用量，提高植保作业效率。

植保无人机的种类繁多，可适用于不同的施药条件，喷雾作业效率高达 6 hm^2/h，能及时有效防治作物病虫草害。目前，无人机喷药航空平台主要机型有三种：固定翼式飞机、单旋翼直升机和多旋翼直升机。近年来，植保无人机逐渐被广大农户所运用，其发展速度极快。固定翼式的植保无人机较为冷门，主要研究集中在单旋翼与多旋翼无人机方向。

植保无人机使用喷头有液力式喷头和离心雾化喷头。植保无人机的航空作业所使用的药液浓度通常会比较高。植保无人机液力式喷头的喷药孔较小，喷药孔容易堵塞，对植保无人机航空作业会有一定的影响。离心雾化喷头的入射口相对比较大，不容易出现所喷洒药液将喷头孔堵塞的现象；离心雾化和液力式喷头雾化原理不一样，离心雾化喷头是较为理想的航空喷头。

1. 固定翼无人机

固定翼无人机(图 9-9)主要由起落架、机翼、机身、尾翼、发动装置和操控系统组成。通过辅助跑道，或者手抛、弹射器发射等升空，主要应用农田信息的采集和遥感控制的实现，其优势在于作业效率高，飞行加速能力强，具备超低空飞行能力。但易受到作业区域

图 9-9 固定翼无人机

地形的影响，引起飞行安全问题。

2. 单旋翼无人直升机

单旋翼无人直升机（图9-10）依据其动力配置及任务载荷，可分为微型/小型、轻型/中型、重型/大型，有军用、民用、农用之分。农用型无人直升机以轻便灵巧为主要特点，结构组成除飞机平台外，还包括机上系统和地面系统。飞机平台包括发动机动力传动结构、旋翼头结构、尾传动结构、发动机、机身结构件和起落架等。

单旋翼无人直升机具有较高的载重能力，续航时间较长，飞行中产生的单一风场可以有效控制喷洒药剂的漂移问题，由于单旋翼本身是非自稳系统，抗风能力相对较低，喷洒农药则要求高精度姿态，因而对于飞控技术的要求更高。多旋翼直升机与单旋翼的差别在于，其工作过程中由多个回旋中心来引导相对旋翼转动产生升力，具有飞行稳定、操作方法简单等优点，但是电池续航能力差，不适合在大田作业。

图9-10 单旋翼无人直升机

图9-11 多旋翼植保无人机的组成

3. 多旋翼植保无人机

多旋翼植保无人机主要由无人机机体和农药喷雾系统组成，如图9-11所示。无人机主体主要包含机架与起落架，控制系统包含接收机与飞行控制器等装置，飞行控制系统是由GPS导航的，动力系统主要包含电机、电调和旋翼等部件，喷雾系统是航空植保作业需要的喷雾装置，喷洒系统主要包含药箱、水管、喷洒控制板、喷头和叶泵等部件。多旋翼植保无人机具有体积较小、结构简单、控制比较灵活、具备自主飞行和着陆能力等优点，适用于地形复杂的作业环境，可满足中小田块的喷洒要求，而且作业过程中，螺旋桨所产生的空气涡流可提高喷洒的效率；缺点是作业耗油量、耗电量较大。

多旋翼植保无人机在航空作业过程中，是通过地面的导航装置或者遥控系统等来远程控制，实现指定的作业项目。

本章小结

本章简要介绍了智慧草坪建植和养护机械的构造及工作原理。通过本章的学习，应了解智慧草坪机械作业的意义、类型及用途。

思考题

1. 什么是智慧草坪机械？
2. 简述智慧草坪机械的类型及用途。

参考文献

陈传强, 2002. 草坪养护管理机械[J]. 山东农机化(2): 21.
程祥之, 1995. 园林机械[M]. 南京: 东南大学出版社.
顾正平, 沈瑞珍, 刘毅, 2002. 园林绿化机械与设备[M]. 北京: 机械工业出版社.
李烈柳, 2013. 园林机械使用与维修[M]. 北京: 金盾出版社.
刘毅, 沈瑞珍, 顾正平, 2003. 草坪与园林绿化机械选用手册[M]. 北京: 机械工业出版社.
柳斌, 2019. 植保无人机不同作业参数对雾滴分布影响[D]. 太原: 山西农业大学.
钱宇, 2015. 草坪养护机械的主要类型及规范作业[J]. 新农业(15): 29-31.
全国农业技术推广服务中心, 2015. 植保机械与施药技术应用指南[M]. 北京: 中国农业出版社.
孙玉峰, 2003. 我国园林草坪养护机械简介[J]. 林业机械与木工设备, 31(7): 22.
王乃康, 茅也冰, 赵平, 2001. 现代园林机械[M]. 北京: 中国林业出版社.
邬国良, 郑服丛, 2009. 植保机械与施药技术简明教程[M]. 咸阳: 西北农林科技大学出版社.
姚锁坤, 2001. 草坪机械[M]. 北京: 中国农业出版社.
尹大志, 2007. 园林机械[M]. 北京: 中国农业出版社.
俞国胜, 2004. 草坪养护机械[M]. 北京: 中国农业出版社.
俞国胜, 李敏, 孙吉雄, 1999. 草坪机械[M]. 北京: 中国林业出版社.
赵竞成, 任晓力, 1999. 喷灌工程技术[M]. 北京: 中国水利出版社.